高等院校电气信息类专业"互联网+"创新规划教材

数字图像处理

主　编　黎小琴

参　编　曹斌芳　蔡剑华

北京大学出版社

PEKING UNIVERSITY PRESS

内容简介

本书是智慧树平台湖南省精品在线开放课程"'教'计算机处理图片——数字图像处理"的配套教材。本书介绍了数字图像处理的基础知识和理论，详细分析了相关原理，并列举了丰富的实例。本书注重应用，在讲解每种图像处理方法的原理后，都会介绍 MATLAB 实现代码，对数字图像处理的应用与开发有很高的应用价值。

本书共 10 章，包括数字图像处理概述、数字图像处理基础、图像的几何变换、空间域图像增强、图像卷积及空域滤波、空间域图像锐化、变换域图像增强、图像分割、形态学处理和彩色图像处理。

本书可作为高等学校信息与通信工程、信号与信息处理、应用数学等专业学生的教材或参考书，也可作为相关技术人员的自学参考书。

图书在版编目（CIP）数据

数字图像处理 / 黎小琴主编 . —北京：北京大学出版社，2022.7
高等院校电气信息类专业"互联网＋"创新规划教材
ISBN 978-7-301-33086-9

Ⅰ．①数… Ⅱ．①黎… Ⅲ．①数字图像处理 – 高等学校 – 教材 Ⅳ．① TN911.73

中国版本图书馆 CIP 数据核字（2022）第 096290 号

书　　　　名	数字图像处理	
	SHUZI TUXIANG CHULI	
著作责任者	黎小琴　主编	
策 划 编 辑	郑　双	
责 任 编 辑	孙　丹　郑　双	
数 字 编 辑	蒙俞材	
标 准 书 号	ISBN 978–7–301–33086–9	
出 版 发 行	北京大学出版社	
地　　　　址	北京市海淀区成府路 205 号　100871	
网　　　　址	http：//www. pup. cn　新浪微博：@北京大学出版社	
电 子 信 箱	pup_6@163. com	
电　　　　话	邮购部 010–62752015　发行部 010–62750672　编辑部 010–62750667	
印 刷 者	北京溢漾印刷有限公司	
经 销 者	新华书店	
	185 毫米 ×260 毫米　16 开本　17.75 印张　410 千字	
	2022 年 7 月第 1 版　　2022 年 7 月第 1 次印刷	
定　　　　价	49.00 元	

前　　言

　　数字图像处理是通过计算机对图像进行去除噪声、增强、复原、分割、提取特征等处理的方法和技术。数字图像处理最早出现于 20 世纪 50 年代，当时的电子计算机已经发展到一定水平，人们开始利用计算机处理图形和图像信息。数字图像处理作为一门学科约形成于 20 世纪 60 年代初期。早期的图像处理用于改善图像的质量，以人为对象，以改善人的视觉效果为目的。图像处理过程中，输入的是质量低的图像，输出的是改善质量后的图像。常用的图像处理方法有图像增强、复原、编码、压缩等。

　　由于图像是人类获取和交换信息的主要来源，因此图像处理的应用领域涉及人类生活和工作的方方面面。随着人类活动范围的不断扩大，图像处理的应用领域不断扩大，如航空航天、生物医学工程、通信工程、电子商务、科学可视化等。

　　数字图像处理的实现有三个条件，一是有数学建模基础，二是有很好的图像处理算法，三是掌握一门程序设计语言实现算法。实现算法需要借助软件工具，本书主要使用 MathWorks 公司的 MATLAB 图像处理工具箱。本书注重应用，讲解每种图像处理方法的原理后都有实现代码，同时适当补充 MATLAB 的基本操作知识。数学模型、算法、程序设计三个方面是不可分割的，但贯穿本书的重点依然是原理解释和实现方法，并不要求大家掌握大量的数学公式，更多的是掌握数字图像处理方法，并能在计算机上进行实践和应用。

　　本书为智慧树平台上线的湖南省精品在线开放课程"'教'计算机处理图片——数字图像处理"的配套教材，其编写宗旨是使读者较全面、系统地了解数字图像处理基础知识，具备数字图像处理实际应用能力。本书共 10 章，从内容上可以分为 4 个部分，第 1～3 章介绍数字图像基础，主要内容包括数字图像基础、直方图概念、空间域的几何变换和仿射变换实现，主要对数字图像的全局特性、统计特征、坐标变换等方面进行基本的处理操作。第 4～7 章介绍数字图像质量改善，主要内容包括空间域图像增强、图像卷积及空域滤波、变换域图像增强等，主要从空间域和频域两个角度出发，对数字图像进行平滑或锐化等处理。第 8～9 章介绍数字图像信息提取，主要内容包括图像分割、形态学图像处理等，把表示物体或结构的特征从背景中分离出来，以便进行计数、测量或匹配运算。第 10 章介绍彩色图像处理的知识，主要内容包括彩色图像的表示方法、图像类型的转换、彩色图像的空间滤波和增强、彩色图像基于颜色的区域分割等技术和相应的实现举例。

　　参加本书编写工作的编者都是具有多年一线教学经验的教师，一直从事数字图像处理的研究与教学工作。本书结合了编者多年研究和教学经验，在编写时注重原理与实践紧密结合，注重实用性和可操作性；文字叙述深入浅出，内容通俗易懂。

由于本书的知识面较广，要将众多知识很好地贯穿起来，难度较大，因此错误和不足之处在所难免，希望广大读者多提宝贵意见。在编写本书的过程中，编者借鉴了大量同行的研究成果，在这里表示衷心感谢。

编　者

2022 年 2 月

资源索引

本书课程思政元素

本书课程思政元素从"格物、致知、诚意、正心、修身、齐家、治国、平天下"中国传统文化角度着眼，结合社会主义核心价值观"富强、民主、文明、和谐、自由、平等、公正、法治、爱国、敬业、诚信、友善"设计出课程思政的主题，紧紧围绕"价值塑造、能力培养、知识传授"三位一体的课程建设目标，在课程内容中寻找相关的落脚点，通过案例、知识点等教学素材的设计运用，以润物细无声的方式将正确的价值追求有效地传递给学生，以期培养学生的理想信念、价值取向、政治信仰、社会责任，全面提高学生缘事析理、明辨是非的能力，把学生培养成为德才兼备、全面发展的人才。

每个思政元素的教学活动过程都包括内容导引、展开研讨、总结分析等环节。在课堂教学中，教师可结合下表中的内容导引，针对相关的知识点或案例，引导学生进行思考或展开讨论。

页码	内容导引	问题与思考	课程思政元素
3	获取图像的设备	1. 你用过哪些图像处理设备？ 2. 你还知道哪些图像处理设备？	专业能力 科技发展
6	二维图像、三维图像和四维图像的差异	1. 不同维度的图像有哪些区别与联系？ 2. 不同维度的图像有哪些应用？	行业发展 人类命运共同体 他山之石
24	MATLAB 集成开发环境	1. MATLAB 软件可以解决哪些问题？ 2. 为什么 MATLAB 软件有很多图像处理工具箱？	适应发展 专业能力 实战能力
44	不同图像对应相同的直方图	为什么不同图像的直方图可以相同？	透过现象看本质
55	判别图 3.1 中的某个水果是苹果还是李子	1. 判别各种水果可以运用的图像处理技术。 2. 如何判别目标物与参照物？	实事求是 基本国情 中国梦 大国复兴
81	利用 imrotate 函数旋转图像	1. 图像旋转的核心是什么？ 2. 图像旋转后是否改变效果？	价值观 人生观 核心意识 看齐意识
93	对比度调节示意	1. 生活中哪些地方应用了图像对比度？ 2. 如何选择合适的对比度？	辩证思想 透过现象看本质 实践检验真理
112	局部直方图增强	1. 局部对整体有什么影响？ 2. 处理图像时，选择全局好还是局部好？	个人责任 个人管理 透过现象看本质 实践检验真理

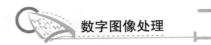

数字图像处理

页码	内容导引	问题与思考	课程思政元素
117	线性滤波的基本原理	1. 由邻近的若干像素组成的模板，是像素多好还是像素少好？ 2. 如何运用程序实现均值滤波？	爱岗敬业 热爱行业 理论联系实际 实践检验真理
131	对 Lena 图像进行卷积运算	1. 如何准确地为图像选择卷积核？ 2. 对于同一幅图像，为什么选择不同的卷积核显示不同的效果？	专业水准 个人成长 职业规划 透过现象看本质 实践检验真理
140	边缘线	1. 为什么图像展示的边缘不同？ 2. 是否可以通过边缘了解一幅图像？	道路自信 看齐意识 经济发展 国家安全
150	图 6.17 所示是一幅较模糊的月球北极图像，使用拉普拉斯变换将图像锐化	1. 哪些方法可以更清楚地看见月球？ 2. 在实际应用中，图像锐化有哪些方法？	科技发展 专业能力 实战能力
158	两个余弦信号分量的时域信号图	1. 改变余弦信号的频率对合成信号有什么影响？ 2. 改变正弦信号的频率对合成信号有什么影响？	合作意识 集体主义
166	空间域滤波与频域滤波的比较	1. 如何选择空间域滤波与频域滤波？ 2. 空间域滤波与频域滤波对同一幅图像的影响有什么不同？	自主学习 个人管理 文化传承 透过现象看本质 实践检验真理
181	基于边缘的图像分割	1. 点检测、线检测与边缘检测是否存在联系？ 2. 点检测、线检测与边缘检测的结果有什么不同？	团队合作 集体主义 人类命运共同体
192	图 8.22 程序运行结果	1. 什么时候需要提取指纹？ 2. 你还知道哪些提取指纹的技术？	法律意识 安全意识 透过现象看本质 实践检验真理
211	数学形态学的兴起	1. 数学形态学是如何发展的？ 2. 在现实生活中，数学形态学有哪些应用？	科学精神 适应发展
223	连通区域标记	1. 四邻接与八邻接的效果有什么不同？ 2. 四连通好还是八连通好？	包容 尊重 纪律
238	彩色图像、灰度图像和二值图像之间的转换	1. 如何直接转换图像？ 2. 图像转换后有什么作用？	现象与本质 沟通协作
246	彩色图像的空间滤波	1. 如何更好地保留图像的原有信息？ 2. 你知道哪些保留图像原有信息的方法？	尊重规律 实事求是 环保意识 能源意识 可持续发展

注：教师版课程思政内容可以联系北京大学出版社索取。

目　　录

第1章

数字图像处理概述

课时：建议 4 课时。

教学目标

1. 掌握图像和数字图像的概念。
2. 了解图像的种类，掌握二值图像、灰度图像与彩色图像的概念。
3. 掌握数字图像的读取和显示。
4. 掌握采样和量化的概念和过程。

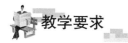

教学要求

知识要点	能力要求	相关知识
图像和图像处理	1. 掌握图像和图像处理的概念 2. 区分图像处理与图像编辑的概念	图像、图像处理、图像编辑
图像的种类	1. 掌握图像的分类 2. 掌握二值图像、灰度图像与彩色图像的概念 3. 理解数字图像处理的应用	二值图像、灰度图像、彩色图像
数字图像的读取和显示	1. 掌握将图像读入 MATLAB 环境的方法 2. 掌握获取图像大小的方法 3. 掌握显示图像信息的方法	imread、size(I)、whose
图像数字化	1. 掌握采样和量化的基本概念 2. 掌握采样和量化的参数选择	采样、量化

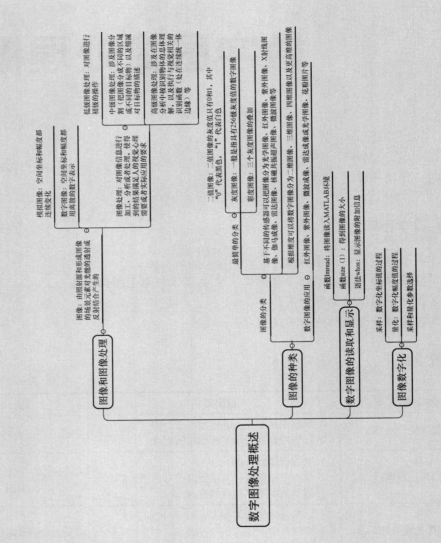

数字图像处理概述

- **图像和图像处理**
  - 图像：由照射源和形成图像的场景元素对光能的透射或反射结合产生的
  - 模拟图像：空间坐标和幅度都连续变化
  - 数字图像：空间坐标和幅度都用离散的数字表示
  - 图像处理：对图像信息进行加工、分析或者处理，使得到的结果满足人的视觉心理需要或者实际应用的要求
    - 低级图像处理：对图像进行初级的操作
    - 中级图像处理：涉及图像分割（把图像分成不同的区域或不同的目标物）以及缩减对目标物的描述
    - 高级图像处理：涉及在图像分析中被识别物体的总体理解，以及执行与视觉相关的识别函数（处在连续统一体边缘）等

- **图像的种类**
  - 最简单的分类
    - 二值图像：二值图像的灰度值只有0和1，其中"0"代表黑色，"1"代表白色
    - 灰度图像：一般是指具有256级灰度值的数字图像
    - 彩色图像：分为光谱图像、红外图像、紫外图像、X射线图像、伽马图像、核磁共振超声图像、微波图像等
  - 根据维度的分类
    - 根据维度可以将数字图像分为二维图像、三维图像、四维图像以及更高维的图像
  - 图像的分类
    - 基于不同的传感器可以把图像分为光学图像、红外图像、紫外图像、X射线图像等

- **数字图像的读取和显示**
  - 数字图像的应用
    - 红外图像、紫外图像、雷达图像、微波成像、雷达成像光学图像、雷达图像光学照片等
  - 函数imread：将图像读入MATLAB环境
  - 函数size（I）：得到图像的大小
  - 语法whos：显示图像的附加信息

- **图像数字化**
  - 采样：数字化坐标值的过程
  - 量化：数字化幅度值的过程
  - 采样和幅化参数选择

1.1　图像和图像处理

在过去很长一段时间里，只有少数专业人士才有机会使用计算机处理数字图像，由于设备比较昂贵，这些专业人士一般来自研究性实验室，因此可以说数字图像处理技术起源于学术领域。

在信息化的时代，计算机的处理能力越来越强，几乎每个人都拥有获取图像的设备，比如手机摄像头、数码相机、扫描仪等，如图 1.1 所示，这些设备都可以得到数字图像，因此数字图像处理变得和文字处理一样普及。

图像和图像处理

（a）手机摄像头　　　　　　　　（b）数码相机　　　　　　　　（c）扫描仪

图 1.1　获取图像的设备

1.1.1　图像的概念

一般来说，图像是由照射源和形成图像的场景元素对光能的透射或反射结合产生的。其中，"图"是物体透射或反射光的分布，是客观存在的；"像"是图在感光系统中形成的印象或认识，对于人的视觉系统来说，"像"是人的视觉系统接收图并在大脑中形成的印象或认识，是主观存在的。图像是图和像，也就是客观与主观的有机结合。图像的介绍见表 1.1。

照射光源可以由电磁能源（如雷达、红外线或

表 1.1　图像的介绍

元素	定义	属性
图	物体透射或反射光的分布	客观存在
像	图在感光系统中形成的印象或认识	主观存在
图像	图和像	客观与主观的有机结合

X 射线等）产生，也可以由非传统光源（如超声波）产生，还可以由计算机产生的照射模式产生。图像场景可以是熟悉的物体，例如人物、漂亮的风景、美味的食物等；可以是分子、沉积岩或人类大脑等；还可以对一个光源成像，例如获得太阳的图像。

根据空间坐标（图像上特定的二维空间坐标）和幅度的连续性，图像可以分为模拟图像和数字图像。图像上任意点的幅度是一个正的标量，其物理意义是由图像源决定的。例如，幅度可以是像素的亮度或者色彩信息。模拟图像是指空间坐标和幅度都连续变化的图像；数字图像是指空间坐标和幅度均用离散的数字表示的图像，而且这些表示坐标和幅度的数字一般是正整数。

1.1.2 图像处理的概念

图像处理是对图像信息进行加工、分析或者处理，使得到的结果满足人的视觉需要或者实际应用的要求。人类可以通过视觉、听觉、触觉、嗅觉等方法获取外界信息，视觉是人类最高级的感知器官，所以图像在人类感知中扮演着重要的角色。人类的感知仅限于电磁波谱的视觉波段，成像机器则可覆盖几乎全部电磁波谱，从伽马射线到无线电波，它们可以对非人类习惯的图像源（包括超声波、电子显微镜及计算机产生的图像）进行加工。因此，数字图像处理涉及多个应用领域，可以利用计算机对数字图像进行处理和分析。

数字图像处理具有精度高、处理内容丰富、处理方法多样和灵活度高等特点，但有一定的局限性，处理速度受到计算机或数字器件的限制。从基本的图像处理到计算机视觉领域并没有明确的分类界限，可以用三种典型计算处理方法区分图像处理设计的范畴，即低级图像处理、中级图像处理和高级图像处理。

低级图像处理涉及对图像进行初级的操作，例如降低图像噪声的预处理、对比度增强和图像锐化等，即低级图像处理是以输入、输出都是图像为特点的处理。中级图像处理涉及图像分割（把图像分成不同的区域或不同的目标物）以及缩减对目标物的描述，以更适合计算机处理及对不同目标分类（识别）。中级图像处理的输入是图像，输出是从这些图像中提取的特征，比如边缘、轮廓、不同物体的标识等。高级图像处理涉及图像分析中被识别物体的总体理解，以及执行与视觉相关的识别函数（处于连续统一体边缘）等。

本书介绍的数字图像处理是指用一些算法或人为操作对输入图像进行去噪、增强、分割等处理，对图像的中间特征进行分析或提取。数字图像处理的实现可以分为三个部分：数学建模、算法、程序设计。本书主要使用 MathWorks 公司的 MATLAB。由于数学建模、算法、程序设计三个部分是不可分割的，因此学习本书需要一定的数学基础。

1.2　图像的种类

1.2.1　图像的分类

图像的种类

日常生活中可能会遇到各种图像，如非光学数字图像、高维图像（维数 ≥ 3）、多光谱图像、非均匀采样图像、非均匀量化图像。图像可以分成很多种类，例如，可以分为二值图像、灰度图像、彩色图像和伪彩色图像，如图 1.2 所示。基于不同的传感器可以把图像分为光学图像、红外图像、紫外图像、X 射线图像、伽马成像、雷达图像、核磁共振、超声图像、微波图像等，如图 1.3 所示。光学图像是采用光学摄影系统获取的以感光胶片为介质的图像；红外图像是由红外光成像形成的，波长范围为 $0.76 \sim 12.5$；紫外图像是由电子释放能量（放电）时放生的紫外线形成的；在核医学中，伽马成像是由放射性同位素注射衰变时放射出伽马射线产生的；X 射线图像是由穿透物体的 X 射线形成的；雷达图像是由雷达发射机向目标发射无线电波，接收机接收散射电波形成的；超声图像是由声波形成的；微波图像一般是指微波雷达成像，是由雷达发出微波并记录其反射形成的；一些科学数据也可以形成可视化的图像，如交通流量数据、网络流量数据、密度图、物质能量图等。

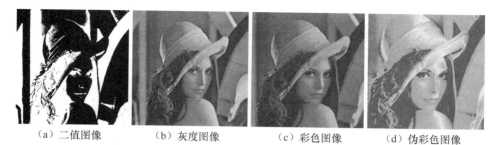

（a）二值图像　　　（b）灰度图像　　　（c）彩色图像　　　（d）伪彩色图像

图 1.2　图像的分类

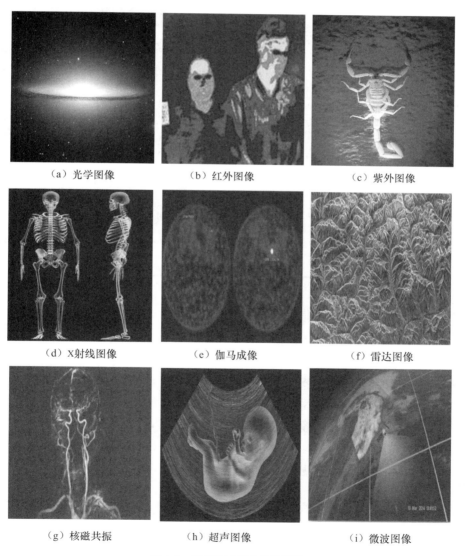

（a）光学图像　　　（b）红外图像　　　（c）紫外图像

（d）X射线图像　　　（e）伽马成像　　　（f）雷达图像

（g）核磁共振　　　（h）超声图像　　　（i）微波图像

图 1.3　基于传感器分类的图像

根据维度，可以将数字图像分为二维图像、三维图像、四维图像及更高维的图像。下面以胎儿的超声图像为例，了解二维图像、三维图像和四维图像的差异，见表1.2。

表 1.2　二维图像、三维图像和四维图像的差异

图像分类	概念	图像示例
二维图像	不包含深度信息的平面图像	
三维图像	由计算机堆叠二维图像，形成立体图像，看上去更加直观	
四维图像	将很多三维图像进行连缀，形成动态影像，四维图像比三维图像多了时间维度	（随时间不停地变化）

1.2.2　二值图像、灰度图像与彩色图像

一般数字图像可以分为二值图像、灰度图像和彩色图像三类。二值图像的灰度值只有 0 和 1，其中"0"表示黑色，"1"表示白色。因此，二值图像对应的二维矩阵元素也由 0 和 1 构成。由于每个像素（矩阵中的每个元素）的取值只 0 和 1 两种可能，因此计算机中二值图像的数据类型采用一个二进制位表示。从图 1.4 中可以看到非常鲜明的对比，一般来说，只要一幅图像的像素亮度是两个灰度值，就称为二值图像，有时使用 0 和 255 两个灰度值表示二值图像，其中"0"表示黑色，"255"表示白色。二值图像常用于文字、线条的光学字符识别（Optical Character Recognition，OCR）和掩模图像的存储。

灰度图像有着更丰富的灰阶。灰度图像一般是指具有 256 级灰度值的数字图像，只有灰度颜色，没有彩色，图片更柔和，更能表达自然界的一些形态。其每个像素都是黑色与白色之间的 256 个灰度级之一，如图 1.5 所示，其中，"0"表示纯黑色，"255"表

示纯白色，0 ～ 255 之间的数字由小到大表示从纯黑色到纯白色之间的过渡色。二值图像可以看成灰度图像的一个特例。

图 1.4 二值图像的两个灰度值：0 和 1

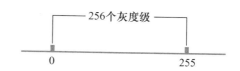

图 1.5 256 个灰度级

图 1.6 和图 1.7 所示分别为金标准图像和 Lena 图像。之所以称为 Lena 图像，是因为图像中人物的名字为 Lena。在很多数字图像处理的书籍和论文中，广泛采用 Lena 图像做测试图。

图 1.6 金标准图像

图 1.7 Lena 图像

彩色图像是三个灰度图像的叠加，是红色（R）、绿色（G）、蓝色（B）三个通道的混合图像，更能逼真地描述自然界的彩色信息。图 1.8 所示为彩色 Lena 图像，它实际上是由红色、绿色、蓝色三个通道的灰度图像混合而成的彩色图像，每个像素点的亮度对应红色、绿色、蓝色三个通道的亮度合成。

图 1.9 所示为红色、绿色、蓝色三个通道的灰度图像，可以看出，红色通道的灰度图像亮度比绿色通道和蓝色通道的灰度图像亮度高；对应彩色图像来说，可以看出彩色图像整体偏红。

图 1.8 彩色 Lena 图像

（a）红色通道的灰度图像　　（b）绿色通道的灰度图像　　（c）蓝色通道的灰度图像

图 1.9 红色、绿色、蓝色三个通道的灰度图像

1.2.3 数字图像处理的应用

图 1.10 所示为在夜视镜下拍到的两张图片，称为红外图像。红外线能更好地表达自然界中温度的变化。红外图像是由红外热像仪接收和记录目标物发射的热辐射能而形成的图像。

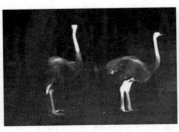 

图 1.10 红外图像

紫外图像是用胶片或传感器拍摄的图像，对电磁波谱紫外波段中的光敏感。农作物

育种中经常使用紫外光显微镜成像。图 1.11 所示为普通谷物图像和被真菌感染的谷物图像。

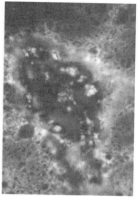　　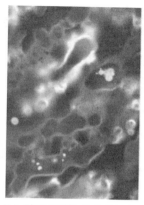

（a）普通谷物图像　　　　（b）被真菌感染的谷物图像

图 1.11　普通谷物图像和被真菌感染的谷物图像

紫外线更多的来自宇宙空间，如太阳或其他星球。在天文学中，经常使用紫外图像描绘自然界，特别是宇宙中的一些成像方式。图 1.12 所示为天鹅座环的紫外图像。

图 1.12　天鹅座环的紫外图像

在地理环境遥感监测方面，可以使用微波图像、雷达图像和光学图像，但光学图像受环境温度、雾霾或者雨雪的影响。不同的图片、不同形式的成像，能够帮助我们更好地理解自然界中的一些情况，如可以通过降水空间分布图与生态环境监测图了解降水空间分布和对生态环境进行监测。现在的技术越来越发达，使用卫星等描绘地面形态变化的图像越来越精确。图 1.13 所示为卫星拍摄的冰山解体图像。

在微观世界中，可以通过显微镜对目标群成像。图 1.14 所示为花粉图像，非常好地描绘了花粉的一些结构特征，帮助科研人员进行基因分析及育种，有一定的应用价值。

图 1.13　卫星拍摄的冰山解体图像

图 1.14　花粉图像

以上只列举了一些图像中的若干案例，其他图像会在后续章节中慢慢介绍，针对不同图像的特征进一步讲解图像处理的算法，也希望读者能够通过自学方式了解更多相关知识。

1.3　数字图像的读取和显示

在 MATLAB 环境中，使用函数 imread 读入图像。imread 的语法为

```
imread('filename')
```

数字图像的
读取和显示

其中，filename 是一个含有图像文件全名的字符串，需要使用单引号引起来，例如命令行

```
>>I=imread('lena.jpg');
```

文件的后缀不能丢，这个语法是将 jpg 格式的 Lena 图像读入图像数组 I。当 filename 中不包含任何路径信息时，imread 会从当前目录中寻找并读取图像文件。如果要读取指定路径中的图像，最简单的方法就是在 filename 中输入完整的或者绝对的路径，例如当 lena.jpg 的完整路径为 D:\myimages\lena.jpg 时，可以使用的语法为

```
>>I=imread('D:\myimages\lena.jpg');
```

该语法的含义是读取 D: 盘中 myimages 文件夹中的 lena.jpg 文件。

函数 size(I) 可以得到图像 I 的大小，也就是图像数组的行数和列数。如果要自动获取一幅灰度图像的大小，则使用语法

```
>>[M,N]=size(I)
```

该语法返回的是灰度图像输出的行数（M）和列数（N）。

函数 whos 可以显示图像的附加信息，例如提取图像基本信息使用的语法

```
>>whos I
```

得出以下结果：

```
Name      Size        Bytes      Class     Attributes
I         803*502     403106     uint8
```

该语法提取的图像基本信息包括图像名称、图像大小以及图像类型。结果中的 uint8（unsigned integer eight）指的是一种 MATLAB 数据类型，表示无符号的八位整型数据，取值范围是 0 ～ 255。

例 1.1　在 MATLAB 环境中，从磁盘中读取一幅名为 lena.jpg 的图像，获取图像的大小，并提取附加信息。

```
>>I=imread('lena.jpg');      % 读取当前路径下的 lena.jpg
>>imshow(I)                   % 查看图像
```

或使用如下程序读取 lena.jpg 图像。

```
>>I=imread('D:\myimages\lena.jpg');   % 指定该图像的完整路径名
>>imshow(I)
```

程序运行结果如图 1.15 所示。

图 1.15　程序运行结果

```
>>size(I)          % 查询图像 I 的行数和列数
ans=
    131 131
>>[M,N]=size(I);   % 将变量 M 和 N 分别赋予行和列
M=
    131
```

```
N=
    131
>>whos I                 % 查询图像数组的附加信息
    Name      Size         Bytes      Class     Attributes
    I        131*131       17161      uint8
```

在 MATLAB 环境中，可以使用函数 imshow 显示图像，基本语法为

```
imshow(F,G)
```

其中，F 是图像数组；G 是显示图像的灰度级，即用 G 个灰度级显示图像 F，如果省略 G，则默认的灰度级为 256。

函数 imshow 使用的另一种语法为

```
imshow(f,[low,high])
```

其中，low 和 high 分别代表显示出来的最小灰度级和最大灰度级，将所有小于或等于 low 的值置为黑色，将所有大于或等于 high 的值置为白色，low 与 high 之间的值以默认级数显示为中等亮度，如图 1.16 所示。

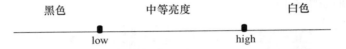

图 1.16 imshow(f, [low,high]) 灰度级取值范围

如果 low 和 high 都省略，则 imshow(f,[]) 将变量 low 设置为数组 f 的最小值，将变量 high 设置为数组 f 的最大值，即将图像数组最小值与最大值之间的值，以默认级数显示中等亮度，如图 1.17 所示。函数 imshow 的这种形式在显示动态范围较小的图像或既有正值又有负值的图像时非常有用。

图 1.17 imshow(f, [low,high]) 灰度级取值范围

例 1.2 在 MATLAB 环境中，从磁盘中读取一幅名为 bone.tif 的图像并提取附加信息，并显示图像。

```
>>I=imread('bone.tif');          % 读取当前路径下的 bone.tif
>>whos I                         % 查询图像数组的附加信息
    Name      Size         Bytes      Class     Attributes
    I        803*502       403106     uint8
>>Imshow(I)                      % 显示图像
```

程序运行结果如图 1.18 所示。

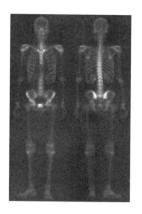

图 1.18　程序运行结果

>>figure;imshow(I,[50,180])　%{ 对图像显示的灰度级进行鉴定，图像 I 在 50 ～ 180 的值以默认的 256 个灰度级显示，将小于或等于 50 的值置为黑色，将大于或等于 180 的值置为白色 %}

程序运行结果如图 1.19 所示。

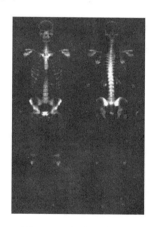

图 1.19　程序运行结果

为了便于直观地比较，可以在一幅图中显示三幅图像，使用的语法如下：

>>subplot(131); imshow(I);　　　　　　　　%第一幅图像默认以 256 个灰度级显示原图像

>>subplot(132); imshow(I,[50,180]);　%{ 第二幅图像将 50 ～ 80 的亮度以默认的灰度级显示 %}

>>subplot(133); imshow(I,[]);　　　　　　%{ 第三幅图像将最小值与最大值之间的像素以默认的 256 个灰度级显示，将其他地方的值置为黑色 %}

程序运行结果如图 1.20 所示。

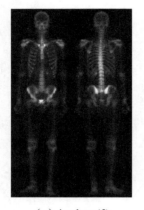 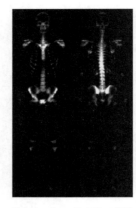 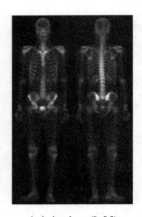

（a）imshow(f) 　　　　（b）imshow(I, [50, 180]) 　　　　（c）imshow(I, [ ])

图 1.20　程序运行结果

通过对比可以发现，如果图像的动态范围比较小，则可以使用图 1.20（b）或图 1.20（c）所示语法修正该图像的显示结果，使对比更加明显。

1.4　图像数字化

在很多情况下，传感器输出的是连续变化的电压波形，获得的是模拟图像。为了产生便于计算机存储与处理的数字图像，需要把连续图像转换为数字图像，包括采样和量化两种处理，如图 1.21 所示。

$$连续图像 \xrightarrow[\quad 量化 \quad]{\quad 采样 \quad} 数字图像$$

图 1.21　连续图像转换为数字图像示意

图像数字化

1.4.1　采样和量化的基本概念

图 1.22 所示为产生一幅数字图像的过程，说明了采样和量化的基本概念。图 1.22（a）所示为连续图像 $f(x, y)$。数字化坐标值的过程称为采样，数字化幅度值的过程称为量化。扫描连续图像中的一行，如图 1.22（a）中的线段 AB，该行幅度值具有连续的灰度级特性，也就是说，AB 行的像素的灰度级连续变化，是连续变化的曲线，如图 1.22（b）所示；沿 AB 线段等间隔采样，得到图 1.22（c），可以看出灰度值在灰度级之上还是连续分布的。为了形成数字函数，必须将灰度值转换为离散值，图 1.22（c）的右侧显示了八个灰度级，每个采样的连续灰度值量化为八个离散的灰度级。采样和量化后的图像如图 1.22（d）所示，从图像的顶点开始逐行执行该过程，就会产生一幅二维数字图像。

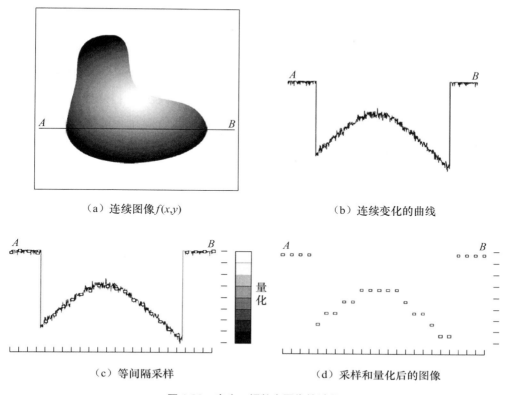

（a）连续图像$f(x,y)$　　　　　　　　　　（b）连续变化的曲线

（c）等间隔采样　　　　　　　　　　（d）采样和量化后的图像

图 1.22　产生一幅数字图像的过程

采样指的是用空间上部分点的灰度值表示整个图像，或者说是图像在空间上的离散化，这些离散点称为像素或采样点，如图 1.20 所示。

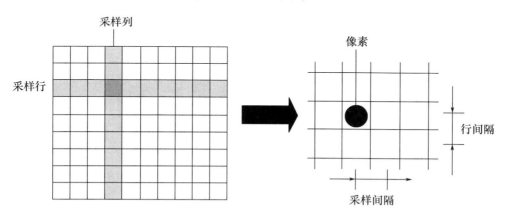

图 1.23　采样

如果每行有 m 个像素，每列有 n 个像素，则图像的大小为 $m \times n$。选取采样间隔由原图像中包含的细节决定，其决定了采样后的图像质量。一般来说，图像中的细节越多，采样间隔越小。

模拟图像经过采样后，在时间和空间上离散化为像素，但是采样所得的像素灰度值依然是连续量，如图 1.24 所示。用离散的灰度值信息代替连续的模拟量称为图像灰度的量化。

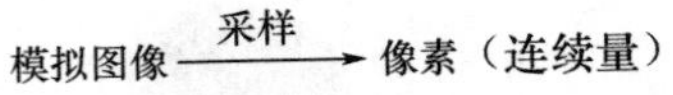

模拟图像 ——采样——→ 像素（连续量）

图 1.24　模拟图像离散化为像素示意

一般来说，灰度量化用一个字节（8 位）表示。把从黑到灰再到白的连续变化灰度值直接量化为 0～255，共 256 个灰度级。灰度级的取值范围为 0～255，"0"表示黑，"255"表示白，即亮度从小到大，对应图像中的颜色从黑到白，如图 1.25 所示。

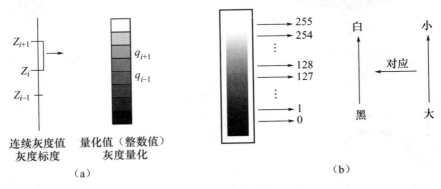

图 1.25　灰度量化

模拟图像经过采样和量化后，得到了坐标和幅值均离散的数字图像。图 1.26（a）所示为投影到传感器平面上的连续图像，图 1.26（b）所示为采样和量化后的图像。可以明显看出，数字图像的质量很大程度上取决于采样和量化中的采样点数和灰度级数，因此在选择这些参数时，图像内容是一个重要的考虑因素。

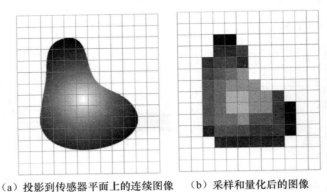

（a）投影到传感器平面上的连续图像　（b）采样和量化后的图像

图 1.26　连续图像及采样和量化后的图像

1.4.2　采样和量化参数选择

如图 1.27 所示，当一幅图像的量化级数 q 一定时，采样点数 $m \times n$ 对图像质量有显著影响。采样点数越多，图像质量越好，当采样点数减少时，图上的块状效应逐渐明显。同理，当图像的采样点数一定时，采用不同的量化级数，对应的图像质量也不同，即量化级数越多，图像质量越好；量化级数越少，图像质量越差。量化级数最少的情况（极端情况）就是二值图像，会出现假轮廓。

图 1.27　量化级数对图像质量的影响

例 1.3　采样和量化参数对图像质量的影响。

图 1.28 所示为 6 幅不同的 Lena 图像，显示了在 256 级灰度不变的情况下，不同采样点数的数字图像的质量对比。可以明显看到，采样点数越少，图像上的块状效应越明显。

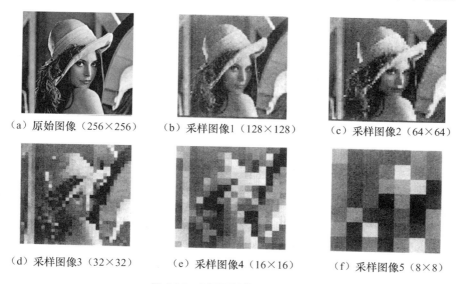

（a）原始图像（256×256）　　（b）采样图像1（128×128）　　（c）采样图像2（64×64）

（d）采样图像3（32×32）　　（e）采样图像4（16×16）　　（f）采样图像5（8×8）

图 1.28　6 幅不同的 Lena 图像

同理，当图像的采样点数一定时，采用不同的量化级数，对应的图像质量也不同，即量化级数越多，图像质量越好；量化级数越少，图像质量越差。如图 1.29 所示，对同一幅 Lena 图像进行不同的采样和量化，当量化级数从 256 变为 2 时，灰度级越来越小，图像质量越来越差。当量化级数为 2 时，图像变为黑白图像。采样点数和量化级数不仅影响图像质量，而且影响图像的数据量。

（a）原始图像（256色）

（b）量化图像1（64色）

（c）量化图像2（32色）

（d）量化图像3（16色）

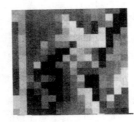
（e）量化图像4（4色）

（f）量化图像5（2色）

图 1.29 采样点数不变，灰度级改变

假设一幅图像的大小为 $m \times n$，每个像素量化后的灰度级为 L，即灰度级的范围为 $[0, L-1]$，一般 L 取 2 的整数次幂，即

$$L = 2^k \tag{1.1}$$

通过计算可以知道，一共有 $m \times n$ 个点，每个点需要用 k 个二进制位表示，一幅图像所需的二进制位数为 $m \times n \times k$ 比特（bit）。用所得的比特数除以 8，可以得到这幅图像所占的字节（Byte）。

思考题：存储一幅无压缩、尺寸为 4000×3000 的二值图像需要占用多少位的存储空间呢？

本章小结

本章主要介绍了数字图像处理的基础知识。图像是由照射源和形成图像的场景元素对光能的透射或反射结合产生的。图像处理是对图像信息进行加工、分析或者处理，使得到的结果满足人的视觉需要或者实际应用的要求。同时要注意区分图像处理与图像编辑的概念。数字图像有多种分类方法，例如可以把数字图像分为二值图像、灰度图像、彩色图像和伪彩色图像等。二值图像用"0"代表黑色，用"1"或"255"代表白色。灰度图像一般是指具有 256 级灰度值的数字图像。彩色图像是三个灰度图像的叠加，是红色、绿色、蓝色三个通道的混合图像。数字图像的应用比较广泛，例如红外图像、紫外图像和地理环境监测等。使用函数 imread 将图像读入 MATLAB 环境，函数 size(I) 得到图像 I 的大小，函数 whos 显示图像的附加信息。连续图像转换为数字图像需要经过采样和量化处理，数字化坐标值的过程称为采样，数字化幅度值的过程称为量化。

本章习题

1. 什么是图像？图像与数字图像有什么区别？

2. 数字图像处理的基本内容有哪些？应用在哪些领域？

3. 一般数字图像可以分为哪三类？各有什么特点？

4. 根据日常生活以及学习、工作中的经历，举例说明数字图像处理技术对某个应用领域的贡献。

5. 简述图像数字化的过程。

6. 一幅 256×256 的图像，若灰度级为 16，则存储时需要多少比特？

7. 量化图像时，量化级比较小会出现什么现象？说明理由。

知识扩展

（一）Lena 图像的诞生

1973 年，美国南加利福尼亚大学信号与图像处理研究所里的两位科学家正在为一篇学术论文忙碌，他们试图从常用的测试图像中找出一幅适合测试压缩算法的图像，但都不满意。正好有人拿着一本《花花公子》杂志来串门。这两位科学家发现这种有着光滑面庞和繁杂饰物的图片正好符合要求，于是将这幅图片扫描成 512 像素 ×512 像素的图片，Lena 图像就此诞生。久而久之，Lena 图像风靡整个图像处理界，成为大家共同使用的图像，也称图像处理领域的金标准图像。

（二）图片格式

图片格式是指计算机存储图片的格式，常见的有 bmp、jpg、png、tif、gif、pcx、tga、exif、fpx、svg、psd、cdr、pcd、dxf、ufo、eps、ai、raw、wmf、webp、avif、apng 等。

1. bmp

bmp（全称 bitmap）是 Windows 系统中的标准图像文件格式，可以分为设备相关位图（Device Dependent Bitmaps，DDB）和设备无关位图（Device Independent Bitmaps，DIB），使用非常广泛。它采用位映射存储格式，除了图像深度可选以外，不采用任何压缩，因此，bmp 文件占用的空间很大。

2. tiff

tiff（tag image file format）是一种灵活的位图格式，主要用来存储照片、艺术图等图像。tiff、jpeg、png 为流行的高位彩色图像格式。

3. gif

gif 是一种基于 LZW 算法的连续色调的无损压缩的位图格式，其压缩率约为 50%，它不属于任何应用程序。gif 格式可以存储多幅彩色图像，如果把存储于一个文件中的多幅图像数据逐幅读出并显示到屏幕上，就可构成一种简单的动画。

4. png

png 是一种无损压缩的位图格式，其设计目的是试图替代 gif 和 tiff 文件格式，同时增加一些 gif 文件格式所不具备的特性。png 使用从 LZ77 派生的无损数据压缩算法，一般应用于 Java 程序等。

5. jpeg

jpeg 格式是常用图像文件格式，后缀名为 .jpg 或 .jpeg。jpeg 压缩技术十分先进，可以用有损压缩方式去除冗余的图像数据，在取得极高压缩率的同时，展现丰富、生动的图像，换句话说，可以用最小的磁盘空间得到较好的图像质量。

第2章
数字图像处理基础

课时：本章建议 4 课时。

教学目标

1. 掌握数字图像的矩阵表示。
2. 掌握 MATLAB 矩阵索引方法。
3. 掌握 MATLAB 支持的数据类型和图像类型。
4. 了解灰度直方图的概念，掌握灰度直方图的绘制过程。
5. 掌握数字图像处理实现的过程。

教学要求

知识要点	能力要求	相关知识
数字图像的矩阵表示	掌握用矩阵表示数字图像的方法	矩阵表示
MATLAB 矩阵索引方法	1. 了解 MATLAB 集成开发环境 2. 掌握 MATLAB 矩阵索引方法	一维向量、二维矩阵
MATLAB 支持的数据类型和图像类型	1. 掌握 MATLAB 支持的数据类型 2. 掌握 MATLAB 支持的图像类型 3. 了解彩色图像的合成与分解 4. 掌握索引图像的表示方法	彩色图像的合成与分解、索引图像的表示方法
灰度直方图	1. 掌握灰度直方图的概念 2. 掌握灰度直方图的绘制	灰度直方图

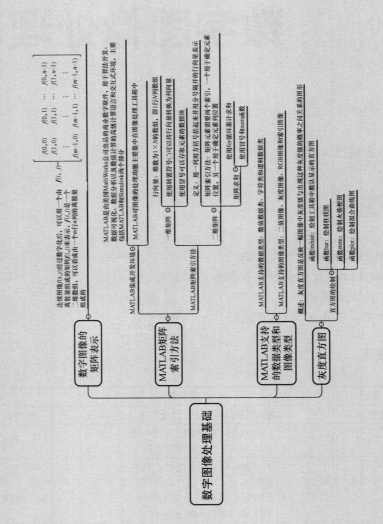

数字图像处理基础

- 数字图像的矩阵表示
  - 连续图像$f(x,y)$经过数字化后，可以用一个$M×N$的离散量组成的矩阵$f(i,j)$来表示，$f(i,j)$是一个二维数组，可以看成由一个m行n列的离散数量组成的

$$
\begin{bmatrix}
f(0,0) & f(0,1) & \cdots & f(0,n-1) \\
f(1,0) & f(1,1) & \cdots & f(1,n-1) \\
\vdots & \vdots & & \vdots \\
f(m-1,0) & f(m-1,1) & \cdots & f(m-1,n-1)
\end{bmatrix}
$$

- MATLAB矩阵索引方法
  - MATLAB集成开发环境 ⊙ MATLAB是由美国MathWorks公司出品的商业数学软件，用于算法开发、数据可视化、数据分析以及数值计算的高级计算语言和交互式环境，主要包括MATLAB和Simulink两个部分
  - MATLAB对图像的处理功能主要集中在图像处理工具箱中 ⊙
  - MATLAB矩阵索引方法
    - 一维矩阵
      - 行向量：维数为$1×N$的数组，即1行N列数组
      - 使用转置符号'可以将行向量转换为列向量
    - 二维矩阵
      - 定义：用一列索引值，短阵元素需要两个索引，一个用于确定元素位置，另一个用于确定元素列位置
      - 矩阵求和：使用for循环求和和sum函数

- MATLAB支持的数据类型和图像类型
  - MATLAB支持的数据类型类：数值数据类、字符类型和逻辑数据类
  - MATLAB支持的图像类型：二值图像、灰度图像、RGB图像和索引图像

- 灰度直方图
  - 概述：灰度直方图是反映一幅图像中灰度级与出现这种灰度的概率之间关系的图形
    - 直方图的绘制
      - 函数imhist：绘制工具箱中灰度图像中默认显示的直方图
      - 函数bar：绘制柱状图
      - 函数stem：绘制火柴杆图
      - 函数plot：绘制图像的曲线视图

2.1　数字图像的矩阵表示

数字图像的
矩阵表示

数字图像的表示是指用数值方式表示一幅图像，因为矩阵是二维结构的数据，所以数字图像可以用整数矩阵表示。

因为矩阵是按照行、列的顺序定位数据的，而图像是在平面上定位数据的，所以这里有一个坐标系定义上的特殊性，为了便于分析，将图像坐标系定义为图 2.1 所示的矩阵坐标系。在很多书中，图像原点定义在 (0,0) 处，即左上角表示 (0,0)，沿图像第一行的下一个坐标值是 (0,1)，行坐标的取值范围是 0 ～ (m–1) 的整数，列坐标的取值范围是 0 ～ (n–1) 的整数。

连续图像 $f(x,y)$ 经过数字化后，可以用一个离散量组成的矩阵 $f(i,j)$ 表示。它是一个二维数组，可以看成由一个 m 行 n 列的离散量组成。左上角第一个元素为 $f(0,0)$，第一行的最后一个元素为 $f(0,n-1)$，第一列的最后一个元素为 $f(m-1,0)$，最后一行最后一列的元素为 $f(m-1,n-1)$，见式（2.1）。矩阵中的每个元素称为像元、像素或图像元素，本书都用像素 $f(i,j)$ 代表点 (i,j) 的灰度值，即亮度值。在 MATLAB 环境中，图像以图像元素构成的矩阵有序阵列的形式呈现，图像坐标系的原点在 (r,c) 等于 $(1,1)$ 处。因此行坐标的取值从 1 开始，是 1 ～ m 的整数；列坐标的取值从 1 开始，是 1 ～ n 的整数。

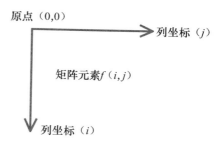

原点（0,0）

列坐标（j）

矩阵元素 $f(i,j)$

列坐标（i）

图 2.1　矩阵坐标系

$$f(i,j) = \begin{bmatrix} f(0,0) & f(0,1) & \cdots & f(0,n-1) \\ f(1,0) & f(1,1) & \cdots & f(1,n-1) \\ \vdots & \vdots & \vdots & \vdots \\ f(m-1,0) & f(m-1,1) & \cdots & f(m-1,n-1) \end{bmatrix} \tag{2.1}$$

一幅图像在 MATLAB 环境中表示为矩阵 f，第一个元素为 $f(1,1)$，最后一个元素为 $f(m,n)$，为 m 行 n 列的矩阵，见式（2.2）。其中 $f(p,q)$ 表示第 p 行第 q 列的元素，例如 $f(2,4)$ 表示矩阵 f 中第二行第四列的元素。

$$f = \begin{bmatrix} f(1,1) & f(1,2) & \cdots & f(1,n) \\ f(2,1) & f(2,2) & \cdots & f(2,n) \\ \vdots & \vdots & \vdots & \vdots \\ f(m,1) & f(m,2) & \cdots & f(m,n) \end{bmatrix} \tag{2.2}$$

对于灰度图像来说，灰度图像矩阵元素的取值范围通常为 0 ～ 255，因此其数据类型一般是 8 位无符号整型（uint8），"0" 表示黑色，"255" 表示白色，中间的数字从小到大表示从黑色到白色的过渡色。在 MATLAB 环境中，灰度图像也可以用双精度数据类型（double）表示，像素的值域为 0 ～ 1，"0" 表示黑色，"1" 表示白色，0 ～ 1 之间的小数表示不同的灰度等级。

二值图像可以看成灰度图像的一个特例，一幅二值图像的二维矩阵仅由 0 和 1 两个值构成，"0"表示黑色，"1"表示白色或相反。由于每个像素取值只有 0 和 1 两种可能，因此计算机中二值图像的数据类型通常为一个二进制位。二值图像通常用于文字线条图的扫描识别或掩模图像的存储。

RGB 彩色图像分别用 R（红色）、G（绿色）、B（黑色）三原色的组合表示每个像素的颜色，每个像素的颜色由 RGB 三原色表示，直接存放在图像矩阵中。由于每个像素的颜色由 R、G、B 三个分量表示，m、n 分别表示图像的行数、列数，因此三个 $m \times n$ 的二维矩阵分别表示各像素 R、G、B 三个颜色分量，图像的数据类型一般为 8 位无符号整型。RGB 彩色图像的组成如图 2.2 所示。RGB 彩色图像通常用于表示或者存放真彩色图像。

$$R=\begin{bmatrix} 255 & 240 & 240 \\ 255 & 0 & 80 \\ 255 & 0 & 0 \end{bmatrix}, \quad G=\begin{bmatrix} 0 & 160 & 0 \\ 255 & 255 & 160 \\ 0 & 255 & 0 \end{bmatrix}, \quad B=\begin{bmatrix} 0 & 80 & 160 \\ 0 & 0 & 240 \\ 255 & 255 & 255 \end{bmatrix}$$

图 2.2　RGB 彩色图像的组成

2.2　MATLAB 矩阵索引方法

前面介绍了数字图像与数字图像处理的基本概念，本书数字图像处理的一些方法和算法是基于 MATLAB 软件实现的，提取 MATLAB 数字图像处理操作中的一些重点知识进行学习。下面主要介绍 MATLAB 矩阵索引方法。

2.2.1　MATLAB 集成开发环境

MATLAB矩阵
索引方法（一）

MATLAB 是美国 MathWorks 公司出品的软件，是用于算法开发、数据可视化、数据分析以及数值计算的高级计算语言和交互式环境，主要包括 MATLAB 和 Simulink 两个部分。

MATLAB 可进行矩阵运算、绘制函数和数据、实现算法、创建 GUI、连接其他编程语言等，主要用于工程计算、控制设计、信号处理与通信、图像处理、信号检测、金融建模设计与分析等领域。

MATLAB 的基本数据单位是矩阵，它的指令表达式与数学、工程中的常用形式十分相似，故用 MATLAB 解决问题要比用 C、FORTRAN 等语言简洁得多。

MATLAB 中补充了许多针对特定应用的工具箱，包括计算生物学工具箱

（Bioinformatics Toolbox）、计算金融学工具箱（Financial Derivatives Toolbox）、信号处理和通信工具箱（Signal Processing Toolbox）、图像处理工具箱（Image Processing Toolbox）、控制系统设计和分析工具箱（Control System Toolbox）等，其中图像处理工具箱是一个 MATLAB 函数集，扩展了 MATLAB 解决图像处理问题的能力。

MATLAB 处理图像的功能主要集中在图像处理工具箱中。图像处理工具箱由一系列支持图像处理操作的函数组成，可以进行几何操作、线性滤波和滤波器设计、图像变换、图像分析与图像增强、数学形态学处理等图像处理操作。具体来说，图像处理工具箱可以对图像进行如下处理。

（1）图像的读 / 写和显示：将图像数据读取到工作空间，处理后保存或显示。

（2）图像空间变换：对图像进行缩放、旋转、平移、裁剪等操作。

（3）图像的类型转换：支持 RGB 图像、索引图像、灰度图像和二值图像之间的转换。

（4）图像的邻域与块处理：对图像进行块操作、滤波、邻域操作和矩阵重排等。

（5）图像域变换：主要包括离散傅里叶变换、离散余弦变换、拉东（Radon）变换等。

（6）图像增强处理：进行直接变换增强、频域滤波增强和去噪等处理。

（7）彩色图像处理：对常用的彩色模型（RGB 模型、CMY 模型、HSI 模型等）进行彩色空间的相互转换、彩色图像平滑与滤波等操作。

（8）图像分析：对图像进行边缘检测、边界跟踪和四叉树分解等处理。

（9）图像线性滤波及二维线性滤波器设计。

（10）图像形态学处理：对图像进行膨胀和腐蚀、开 / 闭运算、计算区域面积、计算欧拉数等处理。

2.2.2　一维向量的索引方法

在 MATLAB 环境中，数字图像都是用矩阵表示的，矩阵以变量的形式存储，比如 A、B、F、f、rgb_image、gray_image。变量必须以字母开头，而且只能由字母、数字和下画线组成。

MATLAB 支持大量功能强大的数组索引方法，不仅简化了数组操作，而且提高了程序的运行效率。下面举例说明一维向量和二维矩阵的基本索引方法。

维数为 $1 \times N$（1 行 N 列）的数组称为行向量，使用一维索引存取元素。行向量的元素使用方括号括起来，并用空格或逗号隔开，例如

```
>>A=[2  4  6  8  10]
A=
    2     4     6     8     10
```

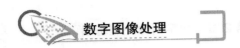

或

```
>>A=[2,4,6,8,10]
A=
     2     4     6     8     10
```

使用转置符号（.'）可以将行向量转换为列向量。例如，**B** 等于 **A** 的转置，**B** 就变成了列向量。

```
>>B=A.'          %B 等于 A 的转置
B=
     2
     4
     6
     8
    10
```

要存取元素的数据块，可以使用 MATLAB 中的冒号。例如，A(2:4) 表示存取 **A** 的第二个元素到第四个元素。

```
>>A(2:4)
ans=
     4     6     8
```

类似地，A(2:end) 是索引第二个元素到最后一个元素，关键字 end 表示向量的最后一个索引位置。

```
>>A(2:end)
ans=
     4     6     8     10
```

冒号有时用来索引向量中的所有元素，例如 A(:) 索引向量 **A** 的全部元素，并生成一个列向量。

```
>>A(:)
ans=
     2
     4
     6
     8
    10
```

类似地，A(1:end) 生成由全部元素组成的行向量。

```
>>A(1:end)
ans=
    2    4    6    8    10
```

以上是 MATLAB 对一段连续元素的索引。MATLAB 对数据的索引并不限于连续元素，也支持不连续元素的索引，此时涉及索引的步长。例如，A(1:2:end) 表示索引从第一个元素开始，步长为 2，直到最后一个元素时停止。

```
>>A(1:2:end)
ans=
    2    6    10
```

当然，步长也可以是负数。例如，A(end:-1:1) 表示索引从最后一个元素开始，步长为 -2，直到第一个元素时停止。

```
>>A(end:-2:1)
ans=
    10    6    2
```

冒号 (:) 的使用相当灵活。另外，一个向量也可以作为另一个向量的索引。例如，定义一个向量 B=1 4 5。将定义好的向量 B 用作 A 的索引，相当于检索出向量 A 中的第一个、第四个和第五个元素。

```
>>B=[1 4 5]
>>A(B)
ans=
    2    8    10
```

2.2.3　二维矩阵的定义

在 MATLAB 环境中，矩阵可以很方便地用一列被方括号括起来且用分号隔开的行向量表示。

```
>>A=[1 2 3 4;5 6 7 8;9 10 11 12]
A=
    1    2    3    4
    5    6    7    8
    9    10   11   12
```

直接列出矩阵元素是一种基本的矩阵定义方法。下面介绍六种常见矩阵生成函数，这些函数能特别方便地用于矩阵初始化。

（1）A=ones(m,n) 生成一个大小为 ($m \times n$) 的元素值全为 1 的矩阵，元素数据类型为 double 型。

（2）A=zeros(m,n) 生成一个大小为 $(m \times n)$ 的元素值全为 0 的矩阵，元素数据类型为 double 型。

（3）A=rand(m,n) 生成一个大小为 $(m \times n)$ 的随机矩阵，元素取值 0～1，元素数据类型为 double 型。

（4）A=true(m,n) 生成一个大小为 $(m \times n)$ 的全 1 矩阵，元素数据类型为 logical 型。

（5）A=false(m,n) 生成一个大小为 $(m \times n)$ 的全 0 的 logical 矩阵。

（6）magic(n) 生成一个大小为 $(n \times n)$ 的"魔术方阵"，由 $1 \sim n^2$ 的整数构成，并且总行数和总列数相等，都等于 $[n \times (n^2+1)]/2$。魔术方阵用于测试，比较容易生成，元素都为整数。

例如：A=magic(3) 生成行、列和主对角线的和都是 15 的矩阵。

```
>>A=magic(3)
A=
    8    1    6
    3    5    7
    4    9    2
```

A=magic(5) 生成行、列和主对角线的和都是 65 的矩阵。

```
>>A=magic(5)
A=
   17   24    1    8   15
   23    5    7   14   16
    4    6   13   20   22
   10   12   19   21    3
   11   18   25    2    9
```

例 2.1 A=10*ones(3,3) 生成的矩阵。

```
>>A=10*ones(3,3)
A=
   10   10   10
   10   10   10
   10   10   10
```

例 2.2 A=rand(3,3) 生成的矩阵。

```
>>A=rand(3,3)

A=
   0.7922   0.0357   0.6787
   0.9595   0.8491   0.7577
   0.6557   0.9340   0.7431
```

2.2.4 二维矩阵的索引方法

二维矩阵需要两个索引,一个用于确定元素行位置,另一个用于确定元素列位置。例如,命令 A(3,4) 定义矩阵 A 的第三行第四列元素。

```
>>A(3,4)
ans=
    12
```

再比如命令 A(1,:),冒号代表遍历所有列,结果是提取第一行所有列的元素。

```
>>A(1,:)
ans=
    1    2    3    4
```

同理,A(:,1) 提取所有行的第一列元素。

```
>>A(:,1)
ans=
    1
    5
    9
```

与一维向量的索引相同,二维矩阵的索引也可以用冒号获取部分元素块。例如,B=A(1:2,:) 表示只提取第一行元素和第二行元素。

```
>>B=A(1:2,:)
B=
    1    2    3    4
    5    6    7    8
```

类似地,B=A(:,1:2) 表示提取矩阵 A 的第一列元素和第二列元素并复制给矩阵 B。

```
>>B=A(:,1:2)
B=
    1    2
    5    6
    9    10
```

接下来了解 end 关键字在矩阵索引中的应用,end 代表最后一个元素,例如 A(end,end) 表示挑选出矩阵 A 的最后一行最后一列的元素,元素值为 12。

```
>>A(end,end)
ans=
    12
```

同理，A(end-1,end-2) 可以分别定位到行和列的位置，end-1 表示倒数第二行，end-2 表示倒数第三列，该矩阵为三行四列矩阵，提取的是第二行第二列的元素 6。

```
>>A(end-1,end-2)
ans=
      6
```

类似地，A(2:end,end:-2:1) 提取的是由不连续元素组成的数据块，-2 表示从最后一列开始，步长为 2，直到第一列时停止，产生一个两行两列的矩阵。

```
>>A(2:end,end:-2:1)
ans=
      8      6
     12     10
```

向量除了可以作为向量的索引，还可以作为矩阵的索引。使用向量作为矩阵的索引为选择元素提供了一种强大的方法。例如，B=A([1 3],[2 4]) 表示提取矩阵中第一行第二列、第一行第四列、第三行第二列和第三行第四列的元素。

```
>>B=A([1 3],[2 4])
B=
      2      4
     10     12
```

除了向量可以作为矩阵索引之外，逻辑数组也可以作为矩阵索引。使用 logical 函数定义一个逻辑数组，直接列出逻辑数组的内容。再对前面定义的矩阵 *A* 使用命令 A(B)，会得到什么结果呢？

```
>>B=logical([1 0 0 0;0 0 0 1;0 0 0 1])
B=
     1     0     0     0
     0     0     0     1
     0     0     0     1
>>A(B)
ans=
      1
      8
     12
```

实际上，逻辑数组作为矩阵索引，相当于逻辑数组中为 1 的位置作为索引位置，检索的是逻辑数组中为 1 的这些位置的元素。

2.2.5　矩阵求和

可以使用 for 循环对矩阵 A 的所有元素累计求和。首先初始化变量 $s=0$，然后使用两个 for 循环遍历每个元素，最后将每个元素累加到 s 中，for 循环结束后，所有元素的和就存到变量 s 中了。

```
A=[1 2 3 4;5 6 7 8;9 10 11 12];
s=0;
for i=1:3
    for j=1:4
        s=s+A(i,j);
    end
end
display(' 矩阵 A 所有元素之和 ');
display(s);
```

程序运行结果如下。

矩阵 A 所有元素之和
s=
    78

使用冒号和函数 sum 是一种方便的求和方法。如果将二维矩阵 A 输入函数 sum 中，比如 sum(A)，得到的结果就是一个行向量，其中包含了输入数组的每列的和。

```
>>s=sum(A)
s=
    15    18    21    24
```

使用语法 sum(A(:)) 可求得所有元素的和，因为使用单个冒号可将矩阵转换为一个列向量。

```
>>s=sum(A(:))
s=
    78
```

或者使用两次函数 sum。

```
>>s=sum(sum(A))
s=
    78
```

类似地，可用 average 函数求平均值。

下面了解使用矩阵索引对图像进行简单操作。图像在 MATLAB 中表示为矩阵，矩阵索引方法同样适用于图像操作。例如，原图像如图 2.3（a）所示，要对图像进行上下镜像翻转，可以使用语法

$$G=F(end:-1:1, :)$$

输出的就是一幅相反方向的水平镜像图像，如图 2.3（b）所示。

>>G=F(end: -1:1, :);

（a）原图像　　　　　　　　　　　　（b）图像操作后

图 2.3　对图像进行上下镜像翻转

对于图像 F，使用命令

$$G1=F(150:380,150:380);$$

表示提取图像中的第 150 ～ 380 行、第 150 ～ 380 列的数据块，如图 2.4(b) 所示，它的大小就是选取的元素块的大小。

再输入命令

$$G2=F(1:2:end,1:2:end);$$

表示隔行隔列取元素，这种操作也可以称为二次抽样，二次抽样后的图像是一幅缩小的图像，如图 2.4(c) 所示。

>>G1=F(150: 380,150:380);

>>G2=F(1: 2: end, 1: 2: end);

（a）原图像　　　　　　（b）提取图像　　　　　　（c）二次抽样

图 2.4　提取图像与二次抽样

以上仅列举了矩阵索引方法在图像处理中的简单操作示例，更多复杂的有一定处理目标的图像处理方法会在后续章节陆续讲解。

2.3 MATLAB 支持的数据类型和图像类型

2.3.1 MATLAB 支持的数据类型

MATLAB 支持多种图像，每种图像的像素值可以用不同的数据类型表示。在数字图像处理中，处理的图像像素的坐标都是整数坐标，但是图像的像素值可以有多种数据类型。图 2.5 所示是数字图像示意，行坐标和列坐标都是整数，坐标从 1 开始编号，使用整数值对像素位置进行索引，但是每个位置上的像素值本身并不一定是整数。MATLAB 中表示像素值支持的各种数据类型种类较多，可以分为数值数据类、字符类和逻辑数据类，见表 2.1。

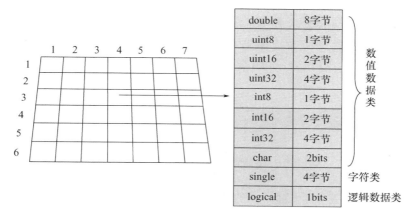

图 2.5 数字图像示意

表 2.1 数据类型

名称	描述
double	双精度浮点数，范围为 $-10^{308} \sim 10^{308}$
unit8	8 位无符号整数，范围为 [0, 255]
unit16	16 位无符号整数，范围为 [0, 65 535]
unit32	32 位无符号整数，范围为 [0, 4 294 967 295]
int8	8 位有符号整数，范围为 [−128, 127]
int16	16 位有符号整数，范围为 [−32 768, 32 767]
int32	32 位有符号整数，范围为 [−2 147 483 648, 2 147 483 647]
single	单精度浮点数，范围为 $-10^{38} \sim 10^{38}$
char	字符
logical	值为 0 或 1

因为 MATLAB 中的所有数值计算都可用 double 类，所以 double 类是图像处理应用中常用的数据类。uint8 也是一种频繁使用的数据类。8 比特图像是常用的图像，除了 8 位无符号整型之外，MATLAB 还支持 16 位无符号整型和 32 位无符号整型。integer8 表示 8 位有符号整型。从存储空间来说，double 类需要使用 8 个字节表示一个数字，而 8 位无符号整型和 8 位有符号整型只需要 1 个字节，16 位无符号整型和 16 位有符号整型需要 2 个字节，32 位无符号整型和 32 位有符号整型需要 4 个字节。char（character）类用来表示 Unicode 字符。一个字符串就是一个 $1 \times n$ 字符矩阵。logical 类矩阵中每个元素的取值只能是 0 和 1，并且每个元素都用 1 比特存储在存储器中。可通过函数 logical 或相关的运算符创建逻辑矩阵。

2.3.2 MATLAB 支持的图像类型

MATLAB 支持四种图像，分别是二值图像、灰度图像、RGB 图像和索引图像。

在 MATLAB 环境中，一幅彩色图像要么被当作 RGB 图像，要么被当作索引图像进行处理。

首先了解 RGB 图像的表示方法。RGB 图像［图 2.6（a）］用 imshow 函数显示，当使用 imshow() 显示彩色图像时，如果彩色图像不是索引图像或 RGB 图像，则会得到无意义的结果。例如，用 imshow 函数直接显示 HSI 图像，会得到无意义的结果，如图 2.6（b）所示。

 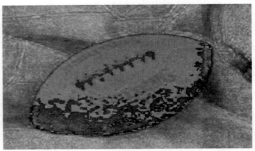

（a）RGB图像　　　　　　　　　　　　（b）直接显示HSI图像

图 2.6　RGB 图像的表示方法

RGB 图像在 MATLAB 环境中表示为一个 $M \times N \times 3$ 的三维数组。在 Workspace 窗口中，可以查看图像尺寸及像素值的数据类型，如图 2.7 所示。

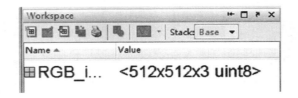

图 2.7　在 Workspace 窗口中查看图像尺寸及像素值的数据类型

也可以利用 size 函数得到图像尺寸。

```
>>size(RGB_image)
ans=
    512    512    3
```

例 2.3　如何利用 size 函数判断图像 f 是否为彩色图像？

可以使用 if size(f,3) 是否大于 1 或者是否等于 3 来判断图像是否为彩色图像。语法为

$$if\ size(f,3) > 1$$

或

$$if\ size(f,3)==3$$

在 MATLAB 环境中，numel 函数用于计算数组中满足指定条件的元素数。也可以使用 numel 函数和 size 函数判断图像 f 是否为彩色图像。语法为

$$if\ numel(size(f))==3$$

形成 RGB 图像的三幅图像分别称为红色分量图像、绿色分量图像和蓝色分量图像。如果 RGB 图像的数据类型是 double，则其像素值的取值范围是 [0,1]；如果数据类型是 unit8，则其像素值的取值范围是 [0,255]。

从 RGB 图像 f 中获取三幅分量图像，可以使用如下代码。

```
>>fR=f(:,:,1);
>>fG=f(:,:,2);
>>fB=f(:,:,3);
```

注意：冒号表示提取图像的所有行和所有列。
等效于如下代码。

```
>>fR=f(1:size(f,1),1:size(f,2),1);
>>fG=f(1:size(f,1),1:size(f,2),2);
>>fB=f(1:size(f,1),1:size(f,2),3);
```

冒号在数字图像处理的矩阵索引中使用非常广泛，因为它提供了一个快捷、方便的选择二维元素块的方法。

例 2.4　红色、绿色、蓝色分量图像的提取。

获取彩色图像 f 的三幅分量图像，用 subplot 函数显示在一个 figure 中，得到的三幅分量图像分别对应一个二维矩阵，显示为灰度图像。可见，彩色图像的三幅分量图像是灰度图像。具体代码如下。

```
f=imread('fruit.jpg');
subplot(2,2,1),imshow(f)
fR=f(:,:,1);subplot(2,2,2),imshow(fR)
```

```
fG=f(:,:,2);subplot(2,2,3),imshow(fG)
fB=f(:,:,3);subplot(2,2,4),imshow(fB)
```

程序运行结果如图 2.8 所示。

（a）原RGB图像

（b）红色分量图像

（c）绿色分量图像

（d）蓝色分量图像

图 2.8　程序运行结果

Workspace	
Name ▲	Value
⊞ f	<1280x1920x3 uint8>
⊞ fB	<1280x1920 uint8>
⊞ fG	<1280x1920 uint8>
⊞ fR	<1280x1920 uint8>

图 2.9　Workspace 窗口中彩色图像 f 的尺寸

在 Workspace 窗口中可以看到彩色图像 f 的尺寸是图像尺寸乘以 3，三幅分量图像的尺寸就是一幅灰度图像的尺寸。

以上是从彩色图像到三幅分量图像的过程。反过来，从三幅分量图像合成 RGB 图像的方法是调用图像处理工具箱中的 cat（级联）函数。令 f_R、f_G、f_B 分别表示三幅分量图像。

```
>>RGB_image=cat(3,fR,fG,fB);
```

注意：这里的分量图像必须按红色、绿色、蓝色的顺序放置。

图 2.10 所示是彩色图像合成示意，其中三个矩阵分别表示红色分量图像、绿色分量图像和蓝色分量图像级联示意。彩色图像就是利用 cat（级联）操作符组合这些分量图像而成的。

例 2.5　彩色图像的合成。

首先获得彩色图像的红色、绿色、蓝色三个分量，分别表示为 f_R、f_G、f_B；然后用这三个分量合成彩色图像。第一幅彩色图像合成的红色分量是 f_R，绿色分量和蓝色分量都是 0 矩阵，表示组合的彩色图像只有红色分量的亮度，绿色分量和蓝色分量的亮度都为 0，因此整幅图像将会呈现红色。

同理，第二幅合成的彩色图像只显示绿色分量的亮度，红色分量和蓝色分量都为 0 矩阵，整体呈现绿色；第三幅合成的彩色图像整体呈现蓝色，具体代码如下。

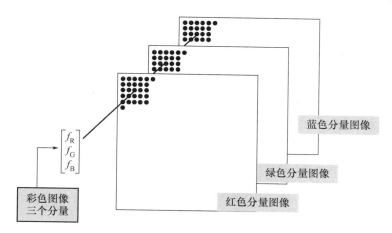

图 2.10　彩色图像合成示意

```
f=imread('fruit.jpg');
subplot(2,2,1),imshow(f),title(' 原 RGB 图像 ')
fR=f(:,:,1); fG=f(:,:,2); fB=f(:,:,3);
rgbR=cat(3,fR,zeros(size(fR)),zeros(size(fR)));
subplot(2,2,2),imshow(rgbR),title(' 红色 ')
rgbG=cat(3,zeros(size(fR)),fG,zeros(size(fR)));
subplot(2,2,3),imshow(rgbG),title(' 绿色 ')
rgbB=cat(3,zeros(size(fR)),zeros(size(fR)),fB);
subplot(2,2,4),imshow(rgbB),title(' 蓝色 ')
```

程序运行结果如图 2.11 所示。

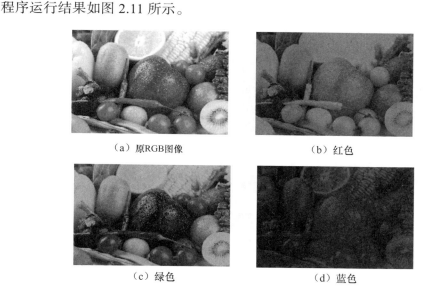

（a）原RGB图像　　　　　　　　（b）红色

（c）绿色　　　　　　　　（d）蓝色

图 2.11　程序运行结果

2.3.3 索引图像的表示方法

索引图像有两个分量，即整数数据矩阵 X 和彩色映射矩阵 map，如图 2.12 所示。彩色映射矩阵 map 是 $m \times 3$、由 double 类型且范围为 [0,1] 的浮点数构成的数组。map 的长度 m 等于定义的颜色数。map 的每行都定义了红色分量、绿色分量、蓝色分量。

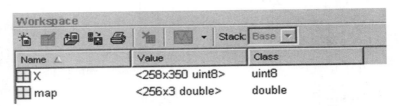

图 2.12 索引图像的两个分量

索引图像将像素的亮度值直接映射到彩色值。每个像素的颜色由对应的整数矩阵 X 的值作为指向 map 的指针决定。如果 X 是 double 类型，则其小于或等于 1 的所有分量都指向 map 的第 1 行，所有等于 2 的分量都指向第 2 行，依此类推。如果 X 是 uint8 或 uint16 类型，则所有等于 0 的分量都指向 map 的第 1 行，所有等于 1 的分量都指向第 2 行，依此类推。对于图 2.12 所示的图像，如果 X 是 uint8 类型，则像素值为 77 的部分指向 map 的第 77 行，因此 X 中值为 77 的像素点的索引彩色为 RGB=0.5804 0.7098 0.6118。

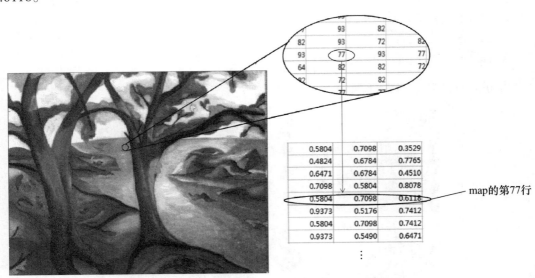

图 2.13 map 映射矩阵

读入一幅索引图像的语法为

```
>>[X,map]=imread('trees.tif')
```

彩色映射矩阵 map 与索引图像共同存储，当用 imread 函数加载图像时，它会自动与图像一起载入。

显示索引图像的语法为

```
>>imshow(X,map)
```

或

```
>>image(X)
```

单独使用 image(X) 时，用系统当前颜色表显示索引图像，结果如图 2.14 所示。

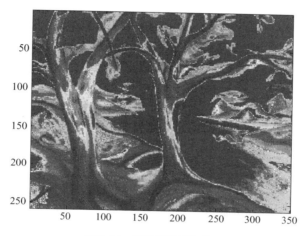

图 2.14　显示索引图像结果

使用语句

```
>>image(X)
>>colormap(map)
```

表示将系统当前颜色表设置为 map，结果如图 2.15 所示。colormap 与索引图像共同存储，当用 imread 函数加载图像时，它会自动与图像一起载入。

图 2.15　将系统当前颜色表设置为 map 的结果

MATLAB 提供了一些预定义的彩色映射，可用下面语句访问。

```
>>colormap(map_name)
```

该语句将彩色映射矩阵设定为 map_name，例如

```
>>colormap(copper)
```

其中，copper 是 MATLAB 预定义的彩色映射。

预定义的颜色表有 Jet、HSV、Hot、Cool、Spring、Summer、Autumn、Winter、Gray、Bone、Copper、Pink、Lines 等，如图 2.16 所示。

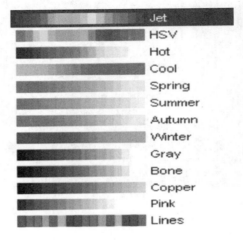

图 2.16 预定义的颜色表

使用预定义的 HSV 颜色表映射之前的索引图像的结果如图 2.17 所示。

```
>>imshow(X,hsv)
```

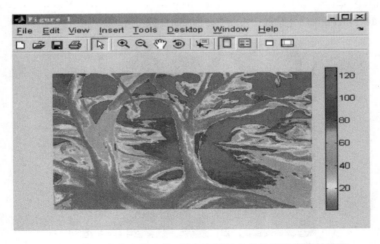

图 2.17 使用预定义的 HSV 颜色表映射之前的索引图像的结果

使用预定义的 Autumn 彩色表映射之前的索引图像的结果如图 2.18 所示。

```
>>imshow(X,autumn)
```

图 2.18 使用预定义的 Autumn 彩色表映射之前的索引图像的结果

使用 copper 彩色表映射之前的索引图像的结果如图 2.19 所示。

```
>>imshow(X,copper)
```

图 2.19 使用 Copper 彩色表映射之前的索引图像的结果

使用 64 级灰度映射之前的索引图像的结果如图 2.20 所示。

```
>>imshow(X,gray(64))
```

总的来说，索引模式与灰度模式类似，每个像素点可以有 256 种颜色容量，但可以负载彩色。索引模式的图像像是由一块块彩色的小瓷砖拼成的，由于最多只能有 256 种彩色，因此形成的文件相对其他彩色要小得多。索引模式形成的每个颜色都有独立的索引标识，当在网上发布这种图像时，只要根据索引标识重新识别图像，颜色就完全还原了。索引模式主要用于网络上的图像传输和一些对图像像素、尺寸等有严格要求的场合。

图 2.20　使用 64 级灰度映射之前的索引图像的结果

2.4　灰度直方图

2.4.1　灰度直方图的概念

灰度直方图（Histogram）是反映一幅图像中灰度级与出现这种灰度级的概率之间关系的图形。

设变量 r 代表图像中的像素灰度级，在图像中，像素灰度级可做归一化处理，r 的值限定在 $[0,1]$，即 $0 \leq r \leq 1$。在灰度级中，$r=0$ 代表黑，$r=1$ 代表白。对于一幅给定的图像，每个像素的灰度级是随机的，即 r 是一个随机变量，可以用概率密度函数 $p(r)$ 表示原图的灰度分布。如果用直角坐标系的横轴代表灰度级 r，用纵轴代表灰度级的概率密度函数 $p(r)$，就可以针对一幅图像在直角坐标系中画出一条曲线，这条曲线在概率论中就是分布密度函数曲线，如图 2.21 所示。

灰度直方图

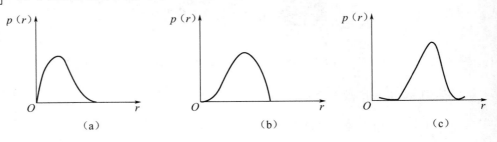

图 2.21　分布密度函数曲线

为了便于数字图像处理，引入离散形式。在离散形式下，用 r_k 代表离散灰度级，用 $p(r_k)$ 代表 $p(r)$，那么下面公式成立

$$p(r_k) = \frac{n_k}{N}, 0 \leq r \leq 1, k = 0,1,2,\cdots,L-1 \qquad (2.3)$$

式中，N 为一幅图像的总像素数；L 为总的灰度级数；r_k 为第 k 个灰度级，或者说是归一化的第 k 个灰度级；n_k 为图像中出现 r_k 灰度级的像素数，$\frac{n_k}{N}$ 就是概率论中的频率。

在直角坐标系中，作出 r_k 与 $p(r_k)$ 的关系图，该图就称为直方图，如图 2.22 所示。

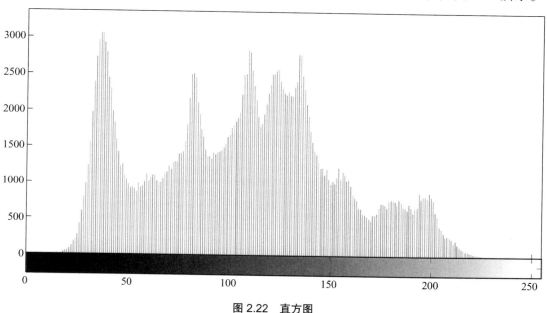

图 2.22　直方图

利用直方图可以方便地确定关于图像的某些特定问题，例如，通过检查直方图可以判断一幅图像曝光的合理性。直方图非常有用，如现代数码相机通常会在取景器上提供一个实时的直方图窗口，以防止拍摄到曝光不足的照片。

由于直方图并未反映出每个像素对应于图像的位置，因此直方图不包含图像中像素点的空间排列信息。其主要原因是直方图的主要功能是以紧凑的形式反映图像的统计信息。在非特殊情况下，不可以利用直方图重建一幅图像。例如，用相同数目、具有特定灰度值的像素点可以建立多种图像，尽管这些图像看上去差别很大，但它们具有完全相同的直方图，即任意图像都能唯一地确定出一幅与它对应的直方图，但不同图像可能对应相同的直方图，如图 2.23 所示。

直方图是多种空间域处理技术的基础。在图像增强技术中，图像灰度级直方图有着重要的意义，是直方图修改技术、直方图均衡化等的基础。图 2.24 所示的四幅花粉图像，分别具有不同的基本灰度级特征，有偏暗的图像、偏亮的图像、低对比度图像和高对比度图像，各图像的右侧显示了对应的直方图。从图 2.24 可以看出，在偏暗的图像中，直方图的组成成分集中在灰度级较低的一侧。类似地，偏亮的图像的直方图的组成成分集中在灰度级较高的一侧。低对比度图像的直方图窄且集中在灰度级的中部，黑白

图像意味着暗淡，就像灰度被冲淡了。高对比度图像的直方图的成分覆盖了灰度级很宽的范围，而且像素分布比较均匀。可以得出结论，若一幅图像的像素占有全部可能的灰度级且分布均匀，则其有高对比度和多变的灰度色调，即会呈现出一幅灰度级丰富且动态范围很大的图像。

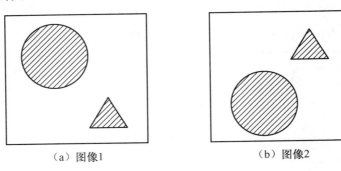

（a）图像1　　　　　　　　　　　（b）图像2

图 2.23　不同图像对应相同的直方图

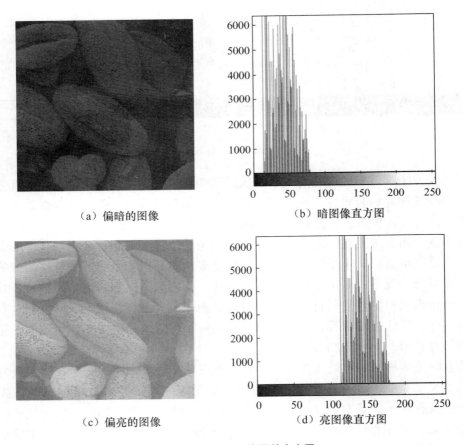

（a）偏暗的图像　　　　　　　　　（b）暗图像直方图

（c）偏亮的图像　　　　　　　　　（d）亮图像直方图

图 2.24　四幅花粉图像及其直方图

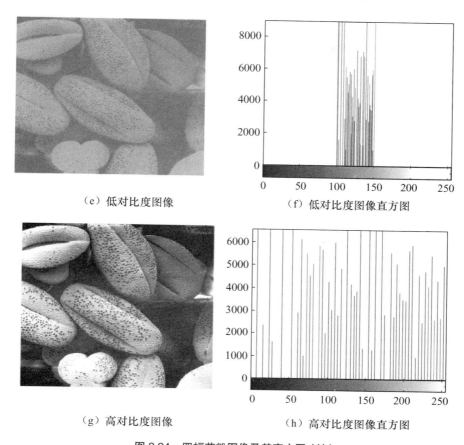

（e）低对比度图像　　　　　　　（f）低对比度图像直方图

（g）高对比度图像　　　　　　　（h）高对比度图像直方图

图 2.24　四幅花粉图像及其直方图（续）

2.4.2　灰度直方图的绘制

绘制一幅 Lena 灰度图像 f 的直方图的简单方法是使用 imhist 函数，语法为

$$imhist (f)$$

例 2.6　绘制 Lena 灰度图像的灰度直方图。

```
f=imread('lena.jpg');
subplot(121);imshow(f);title(' 原图像 ');
subplot(122);imhist(f);title(' 灰度直方图 ');
```

程序运行结果如图 2.25 所示。

图 2.25 所示是默认显示的灰度直方图，其实绘制直方图的方法还有很多，下面重点介绍 MATLAB 中有代表性的绘制方法。

使用 bar 函数可以绘制柱状条形图，语法为

$$bar(horz,v,width)$$

（a）原图像

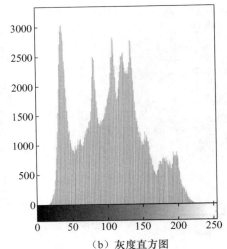

（b）灰度直方图

图 2.25　程序运行结果

其中，v 是 vertical 的首字母，是一个行向量，包含绘制的点；horz 是与 v 有相同维数的向量，包含水平标度值的增量；width 是值为 0 ~ 1 的数，默认值为 0.8。

如果省略 horz 参数，则在水平轴上将 0 ~ length(v) 等分成若干单位。当 width 的值为 1 时，柱状较明显；当 width 的值为 0 时，柱状条是简单的垂直线。绘制柱状条形图时，往往会将水平轴等分多段，降低水平轴的分辨率。

例 2.7　绘制 Lena 灰度图像的柱状条形图（其水平轴以 10 个灰度级为一组）。

```
h=imhist(f);
h1=h(1:10:256);
horz=1:10:256;
bar(horz,h1);
axis([0 255 0 3000]);
set(gca,'xtick',0:50:255);
set(gca,'ytick',0:500:3000);
```

程序运行结果如图 2.26 所示。

与直接用 imhist 函数绘制的直方图相比，灰度级高的地方出现的峰值在柱状条形图中消失了，这是因为绘制的图形中使用了较大的水平增量值。

例 2.8　程序中的第五行程序的功能是设置水平轴和垂直轴的最大值、最小值。0 和 255 限定的是水平轴的最小值和最大值；0 和 3000 限定的是垂直轴的最小值和最大值。axis 函数的语法为

$$axis([horzmin\ horzmax\ vertmin\ vertmax])$$

在最后两行程序中，gca（get current axis）表示获取当前轴。xtick 和 ytick 按所示的间隔设置水平轴和垂直轴的刻度。

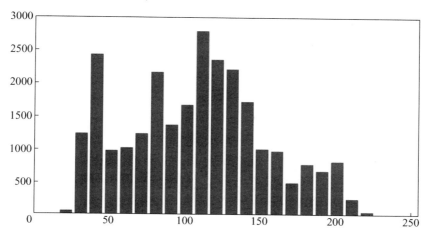

图 2.26　程序运行结果

xlabel('text string', 'fontsize',size)
ylabel('text string', 'fontsize',size)

以上是柱状条形图的绘制方法，接下来介绍杆状图的绘制方法。杆状图类似于柱状条形图，使用 stem 函数绘制。有时也把使用 stem 函数画出的图形称为火柴梗图。stem 函数的语法为

stem(horz,v,1, 'color_linestyle_marker', 'fill')

其中，v 是行向量，包含绘制的点；horz 与 v 具有相同维数，包含水平标度值的增量；color_linestyle_marker 表示绘制杆状图的线条颜色、线型及标记符号；fill 表示用默认的或设定的颜色填充标记点，标记点必须为圆形、方形或菱形。表 2.2 所示为 stem 函数和 plot 函数的属性。

表 2.2　stem 函数和 plot 函数的属性

符号	颜色	符号	线型	符号	标记
k	黑	−	实线	+	加号
w	白	−−	虚线	○	圆形
r	红	:	点线	*	星号
g	绿	−.	点画线	.	点
b	蓝	none	无线	x	叉形
c	青			s	方形
y	黄			d	菱形
m	品红			none	无标记

注：none 属性仅适用于 plot 函数，且必须单独指定。

例如，stem(v,'r--s') 生成的是一幅火柴梗图，它的线条与标记点都为红色，线条为

虚线，标记点为方形。stem 函数的默认颜色为 black（黑色），默认线条为 solid（实线），默认标记点形状为 circle（圆形）。

例 2.9 绘制 Lena 灰度图像的火柴梗图。

```
h=imhist(f);
h1=h(1:10:256);
horz=1:10:256;
stem(horz,h1,'r--s','fill')
axis([0 255 0 3000]);
set(gca,'xtick',0:50:255);
set(gca,'ytick',0:500:3000);
```

程序运行结果如图 2.27 所示。

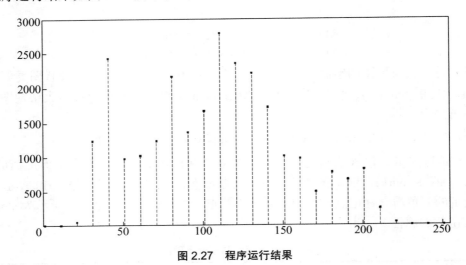

图 2.27　程序运行结果

plot 函数用来绘制拟合曲线图，即将一组点用直线拟合连接起来。语法为

$$\text{plot(horz,v, 'color\_linestyle\_marker')}$$

其中各变量的含义与之前介绍的火柴梗图相同，不再赘述。

例 2.10 利用 plot 函数绘制 Lena 灰度图像的拟合曲线图。

```
h=imhist(f);
plot(h);
axis([0 255 0 15000]);
set(gca,'xtick',0:50:255);
set(gca,'ytick',0:2000:15000);
```

程序运行结果如图 2.28 所示。

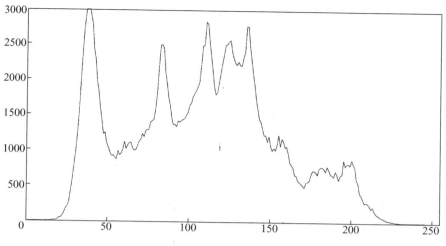

图 2.28 程序运行结果

以上学习了四种灰度直方图的绘制方法。实际上，imhist 函数还有其他用法，例如 imhist(X,map) 可以计算和显示索引色图像 **X** 的直方图，map 为调色板；[counts,x]=imhist(...)，counts 和 x 分别为返回直方图数据向量和相应的彩色向量。

大家可以在 MATLAB 窗口中输入 doc 函数名或 help 函数名，获得上面提到的函数的帮助信息。

本章小结

本章介绍了数字图像处理的基础知识。数字图像在 MATLAB 中都是用矩阵表示的。连续图像 $f(x,y)$ 经过数字化后，可以用一个离散量组成的矩阵 $f(i,j)$ 表示。MATLAB 对图像的处理功能主要集中在图像处理工具箱中。图像处理工具箱由一系列支持图像处理操作的函数组成，可以进行几何操作、线性滤波和滤波器设计、图像变换、图像分析与图像增强、数学形态学处理等操作。MATLAB 中表示像素值支持的各种数据类型种类较多，可以分为数值数据类、字符类和逻辑数据类。MATLAB 支持的四种图像类型分别是二值图像、灰度图像、RGB 图像和索引图像。灰度直方图是反映一幅图像中灰度级与出现这种灰度级的概率之间关系的图形。直方图是多种空间域处理技术的基础。在图像增强技术中，灰度级直方图有着重要的意义，是直方图修改技术、直方图均衡化等图像处理技术的基础。绘制直方图的简单方法是使用 imhist 函数。

本章习题

1. 从矩阵中选取元素。已知 A=[1 2 3;4 5 6；7 8 9]，那么 $A(2,3)$=？

2. 可以用冒号操作符在矩阵中选择连续多个元素。已知 A=[1 2 3;4 5 6；7 8 9]，那么 $A(2,:)$=？

3. 将向量作为矩阵的索引为选择元素提供了一种强大的方法。已知 A=[1 2 3;4 5 6；

7 8 9]，那么 $A([1\ 3],[2\ 3])=?$

4. MATLAB 支持哪些数据类型和图像类型？

5. 什么是灰度直方图？灰度直方图具有哪些性质和作用？

6. 设某图像为

$$f = \begin{bmatrix} 100 & 67 & 34 & 100 \\ 67 & 67 & 34 & 100 \\ 67 & 56 & 211 & 67 \\ 100 & 100 & 211 & 100 \end{bmatrix}$$

计算其灰度直方图。

知识扩展

（一）幻方

magic(n) 生成一个 $n \times n$ 的"魔术方阵"（magic square），简称"幻方"。实际上我国古代就有人研究幻方，当时称为"河图""洛书""纵横图"。同时在很多文学作品中都引入了幻方概念，如金庸的小说中出现过幻方。在《射雕英雄传·黑沼隐女》中，瑛姑出场时，提出了将 1～9 九个数字排成三列，无论是纵、横、斜角，每三个数字相加都是十五，如何排列呢？

黄蓉的解答口诀是"二四为肩，六八为足，左三右七，戴九履一,五居中央"。这就是经典的 3×3 幻方排法。

夏禹治水时，河南洛阳附近的大河里浮出一只乌龟，背上有一个奇怪的图形，古人认为是一种祥瑞，预示着洪水将被夏禹彻底制服。

最简单的幻方就是平面幻方，还有立体幻方、高次幻方等，下面只讨论平面幻方。

平面幻方的构造分为三种情况：N 为奇数、N 为 4 的倍数、N 为其他偶数（$4n+2$ 的形式）。

1. N 为奇数

（1）将 1 放在第一行中间一列。

（2）从 2 开始到 $n \times n$ 为止，各数依次按下列规则存放：按 45° 方向行走，如向右下每个数存放的行比前一个数的行数减 1，列数加 1。

（3）如果行列范围超出矩阵范围，则回绕。例如，1 在第 1 行，则 2 应放在最上一行，列数同样加 1。

（4）如果按上面规则确定的位置上已有数，或上一个数是第 1 行第 n 列，则把下一个数放在上一个数的上面。

2. N 为 4 的倍数

采用对称元素交换法，首先把数 1～$n \times n$ 按从上至下、从左到右的顺序填入矩阵，然后将方阵的所有 4×4 子方阵中的两对角线上位置的数关于方阵中心做对称交换，即

$a(i, j)$ 与 $a(n+1-i, n+1-j)$ 交换，所有其他位置上的数不变；或者对角线不变，其他位置做对称交换。

3. N 为其他偶数（4n+2 的形式）

当 n 为非 4 倍数的偶数（4n+2 的形式）时，首先把大方阵分解为 4 个奇数（2m+1 阶）子方阵。按上述奇数阶幻方为分解的 4 个子方阵赋值。由小到大依次为①上左子阵（i）、②下右子阵（$i+v$）、③上右子阵（$i+2v$）、④下左子阵（$i+3v$），即 4 个子方阵对应元素相差 v，其中 $v = n^2/4$。4 个子矩阵由小到大的排列方式为①③④②。然后做相应的元素交换，$a(i, j)$ 与 $a(i+u, j)$ 在同一列做对应交换（$j_n - t + 2$），$a(t-1, 0)$ 与 $a(t+u-1, 0)$ 和 $a(t-1, t-1)$ 与 $a(t+u-1, t-1)$ 两对元素交换，其中 $u = n/2$，$t = (n+2)/4$，上述交换使行列及对角线上的元素之和相等。

4. 奇阶幻方

当 n 为奇数时，我们称幻方为奇阶幻方，可以用 Merzirac 法与 Loubere 法实现。编者研究发现，用国际象棋的马步也可构造出神奇的奇阶幻方，故命名为 horse 法。

5. 偶阶幻方

当 n 为偶数时，我们称幻方为偶阶幻方。当 n 可以被 4 整除时，该偶阶幻方为双偶幻方；当 n 不可被 4 整除时，该偶阶幻方为单偶幻方。可用 Hire 法、Strachey 法及 YinMagic 法实现，Strachey 为单偶模型，我重新修改双偶(4m 阶)模型，制作了另一个可行的数学模型——Spring 模型。YinMagic 是编者于 2002 年设计的模型，可以生成任意偶阶幻方。

（二）常用图像处理软件

1. LabVIEW+MATLAB

LabVIEW 是一种程序开发环境，由美国国家仪器有限公司研制开发，类似于 C 和 BASIC 开发环境，但是 LabVIEW 与其他计算机语言的显著区别如下：其他计算机语言都是采用基于文本的语言产生代码，而 LabVIEW 使用图形化编辑语言（G 语言）编写程序，生成的程序是框图的形式。LabVIEW 是 NI 设计平台的核心，也是开发测量或控制系统的理想选择。LabVIEW 开发环境集成了工程师和科学家快速构建各种应用所需的所有工具，旨在帮助人们解决问题、提高生产力和不断创新数据采集功能。LabVIEW 对很多摄像机有很好的支持，它带有 NIVision 视觉开发模块，能方便地实现很多功能，还可以与 MATLAB 联合开发，功能强大，但库函数不丰富。

2. OpenGL

OpenGL（Open Graphics Library，开放图形库）是用于渲染 2D、3D 矢量图形的跨语言、跨平台的应用程序接口（Application Programming Interface，API）。这个接口由近 350 个不同的函数调用组成，用来绘制从简单的图形比特到复杂的三维景象。另一种程序接口是仅用于 Windows 上的 Direct3D。OpenGL 常用于开发 CAD、虚拟现实、科

学可视化程序和电子游戏。

OpenGL 的高效实现（利用图形加速硬件）存在于 Windows、部分 UNIX 平台和 Mac OS。这些实现一般由显示设备制造企业提供，而且非常依赖其提供的硬件。开放源代码库 Mesa 是一个纯基于软件的图形 API，它的代码兼容 OpenGL。但是，由于许可证的原因，它只是一个"非常相似"的 API。

OpenGL 规范由 1992 年成立的 OpenGL 架构评审委员会（Architecture Review Board，ARB）维护。ARB 由一些对创建统一的、普遍可用的 API 特别感兴趣的公司组成。根据 OpenGL 官方网站，2002 年 6 月的 ARB 投票成员包括 3DLabs、Apple Computer、ATI Technologies、Dell Computer、Evans & Sutherland、Hewlett-Packard、IBM、Intel、Matrox、NVIDIA、SGI、Sun Microsystems，Microsoft 曾是创立成员之一，但已于 2003 年退出。

3. OpenCV

OpenCV 拥有包括 500 多个 C 函数的跨平台的中、高层 API。它不依赖其他外部库，尽管也可以使用某些外部库。

OpenCV 为 Intel® Integrated Performance Primitives（IPP）提供了透明接口，表示如果有为特定处理器优化的 IPP 库，则 OpenCV 运行时自动加载这些库。

因为 OpenCV 使用 BSDlicense 类，所以对非商业应用和商业应用都是免费的。

OpenCV 提供的视觉处理算法非常丰富，其部分用 C 语言编写，加上其开源的特性，处理得当，不需要添加新的外部支持也可以完整地编译链接生成执行程序，所以很多人用来做算法的移植。适当改写 OpenCV 的代码，可以使其运行在 DSP 系统和 ARM 嵌入式系统中，这种移植经常作为相关专业本科生毕业设计或者研究生课题的选题。

4. Delphi

Delphi 是美国宝兰公司开发的在 Windows 平台下工作的开发工具，它的前身是 DOS 下的产品 Borland Turbo Pascal。从产品名称可以知道，Turbo Pascal 使用的是 Pascal 语言。从 Turbo Pascal 5.5 版本开始，美国宝兰公司在传统 Pascal 语言的基础上加入了面向对象的功能。

Delphi 是一个集成开发环境（Intergreated Develepment Environment，IDE），使用由传统 Pascal 语言发展而来的 Object Pascal 语言。它的本质是一个代码编辑器，而不是一种语言，但是由于 Delphi 几乎是市场上唯一一个使用 Pascal 语言的产品，因此有时成为 Object Pascal 的代名词。美国宝兰公司已经把 Object Pascal 语言改称为 Delphi 语言。

用于图像处理的软件还有很多，读者可以根据自己的需求查阅资料。

第3章

图像的几何变换

课时：本章建议 4 课时。

教学目标

1. 了解图像放大、图像缩小的原理，掌握图像放大、图像缩小的实现方法和实现步骤。
2. 了解平移变换的原理，掌握平移变换的实现方法和实现步骤。
3. 掌握自定义函数的编写和使用方法。
4. 了解错切变换的原理，掌握错切变换的实现方法和实现步骤。
5. 了解镜像变换的原理，掌握镜像变换的实现方法和实现步骤。
6. 了解图像旋转的原理，掌握图像旋转的实现方法和实现步骤。
7. 了解仿射变换的原理，掌握仿射变换的实现方法和实现步骤。

教学要求

知识要点	能力要求	相关知识
形状变换	1. 了解图像放大、图像缩小的原理 2. 掌握图像放大、图像缩小的实现方法和实现步骤	图像缩小、图像放大
平移变换	1. 了解平移变换的原理 2. 掌握平移变换的实现方法和实现步骤 3. 掌握自定义函数的编写和使用方法	平移变换、自定义函数
错切变换	1. 了解错切变换的原理 2. 掌握错切变换的实现方法和实现步骤	水平错切、垂直错切
镜像变换	1. 了解镜像变换的原理 2. 掌握镜像变换的实现方法和实现步骤	水平镜像、垂直镜像、对角镜像
图像旋转	1. 了解图像旋转的原理 2. 掌握图像旋转的实现方法和实现步骤	图像旋转
仿射变换	1. 了解仿射变换的原理 2. 掌握仿射变换的实现方法和实现步骤	平移仿射变换、水平镜像的仿射变换、垂直镜像的仿射变换、水平错切与垂直错切、旋转的仿射变换

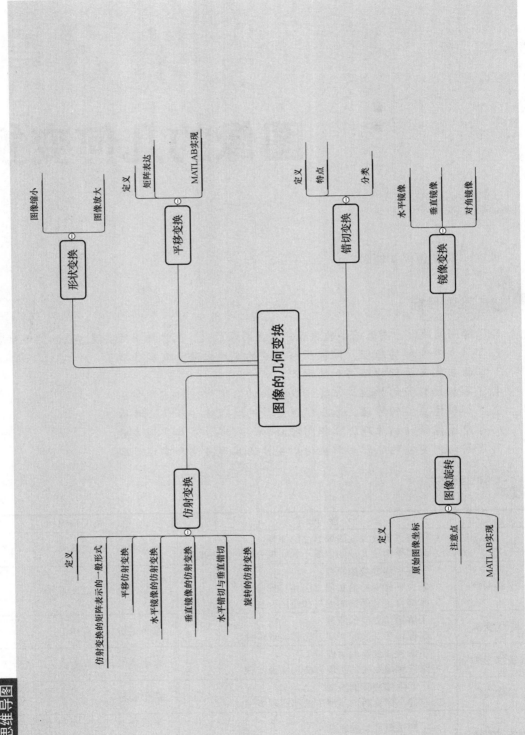

图像的几何变换

形状变换
- 图像缩小
- 图像放大

平移变换
- 定义
- 矩阵表达
- MATLAB实现

错切变换
- 定义
- 特点
- 分类

镜像变换
- 水平镜像
- 垂直镜像
- 对角镜像

仿射变换
- 定义
- 仿射变换的矩阵表示的一般形式
- 平移仿射变换
- 水平镜像的仿射变换
- 垂直镜像的仿射变换
- 水平错切与垂直错切
- 旋转的仿射变换

图像旋转
- 定义
- 原始图像坐标
- 注意点
- MATLAB实现

思维导图

54

3.1　形状变换

形状变换是指用数学建模的方法描述图像形状变化。最基本的形状变换包括图像的缩小、放大和错切。下面介绍缩小和放大两种形状变换。

如图 3.1 所示，要判别图像中的某个水果是苹果还是李子，可放大或缩小该图像，只有将目标物与参照物调整为相同尺寸，才能够根据特征进行比较与判别。

形状变换

图 3.1　水果图像

图像缩小实际上是对原有图像数据进行挑选或处理，获得期望的缩小尺寸的图像数据，并尽量保持原有特征不丢失。图像缩小可以分为按比例缩小和不按比例缩小两种。按比例缩小是指图像的长度和宽度按照相同比例缩小。不按比例缩小是指图像的长度和宽度按照不同比例缩小。图像缩小的方法中，最简单的是等间隔采样，如图 3.2 所示。

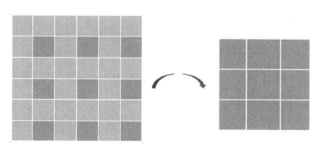

图 3.2　等间隔采样

3.1.1　图像缩小的实现方法与实现步骤

基于等间隔采样的设计思想对画面像素均匀采样，使选择的像素保持图像的概貌特征。该方法的实现步骤如下。

（1）计算采样间隔。

假设原始图像的大小为 $M \times N$，缩小之后的行数为 $k_1 \times M$，缩小之后的列数为 $k_2 \times N$（$k_1 = k_2$ 时为按比例缩小，$k_1 \neq k_2$ 时为不按比例缩小，$k_1 < 1$，$k_2 < 1$），则采样间隔

$$c_1 = \frac{1}{k_1}, c_2 = \frac{1}{k_2}$$

（3.1）

（2）求出缩小图像。

设原始图像为 $F(i,j)(i=1,2,3,\cdots,M;j=1,2,3,\cdots,N)$ ，缩小后的图像为 $G(x,y)(x=1,2,3,\cdots,k_1 \cdot M;y=1,2,3,\cdots,k_2 \cdot N)$ ，则有

$$G(x,y)=f(c_1 \cdot i,c_2 \cdot j) \tag{3.2}$$

例 3.1 缩小原始图像。

假设原始图像为 6 行 6 列，如图 3.3（a）所示的二维数组，缩小该原始图像，缩小比例如下：

$$k_1=0.6,k_2=0.75 \tag{3.3}$$

缩小后的新图像的行 x 和列 y 如下：

$$i=[1,6],j=[1,6] \tag{3.4}$$

$$x=[1,6*0.6]=[1,4] \tag{3.5}$$

$$y=[1,6*0.75]=[1,5] \tag{3.6}$$

缩小后的新图像为 4 行 5 列，对于任意图像中的任意行和任意列来说，新图像的行数 x 为 4，对应原始图像的坐标

$$x=[1/0.6,2/0.6,3/0.6,4/0.6]=[1.67,3.33,5,6.67]=[i2,i3,i5,i6] \tag{3.7}$$

对得到的 1.67、3.33、5 和 6.67 进行取整，得到 2、3、5、6，即新图像的第 1、2、3、4 行分别对应原始图像的第 2、3、5、6 行。

新图像的列数 y 为 5，对应原始图像的坐标

$$y=[1/0.75,2/0.75,3/0.75,4/0.75,5/0.75]=[j1,j3,j4,j5,j6] \tag{3.8}$$

同理，对应原始图像的列数是 1、3、4、5、6，如图 3.3（b）所示。对于新图像的任一点坐标 (x,y)，都可以找到它在原始图像中的坐标，再根据点对点的映射关系得到缩小后的新图像。

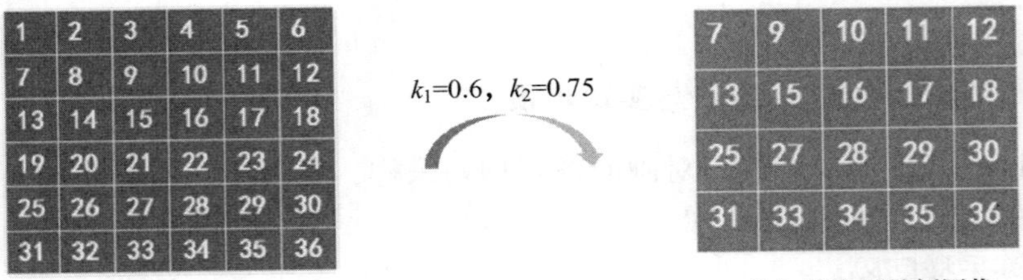

（a）原始图像　　　　　　　　　　　　　　　　（b）缩小后的新图像

图 3.3　图像缩小示意

例 3.2 在 MATLAB 环境中，将图像 I 不按比例缩小，原始图像为 $m \times n$，缩小后的新图像为 $(k_1 \times m) \times (k_2 \times n)$。

（1）用数组表示 6 行 6 列的原始图像 I。

```
>>I=[1 2 3 4 5 6; 7 8 9 10 11 12;
13 14 15 16 17 18; 19 20 21 22 23 24;
25 26 27 28 29 30; 31 32 33 34 35 36];
```

（2）对原始图像 I 缩小 k_1 倍和 k_2 倍。

```
>>k1=0.6; k2=0.75;
```

（3）用 size 函数获取原始图像 I 的尺寸。

```
>>[m,n]=size(I);
```

图像缩小后，可以知道新图像的行数（高度）M 等于 k_1 倍的 m，$k_1 \times m$ 可能不是一个整数，可以使用 round 函数进行取整。同理，新图像的列数（宽度）N 也可以使用 round 函数进行取整。

```
M=round(m*k1);
N=round(n*k2);
```

用 for 循环遍历新图像中的每个点。新图像中的每个点对应原始图像的坐标为 $(i/k_1, j/k_2)$。同时要考虑到，如果 i/k_1 取整后大于原始图像的行或 i/k_2 取整后大于原始图像的列，就超出了原始图像的范围，可以限制原始图像的范围。当超出范围时，$x=m$，$y=n$。找到原始图像 I 与新图像 G 之间的对应关系，可以求得新图像 G。

```
for i=1:M
    for j=1:N
        x=round(i/k1);
          if x>m x=m; end
        y=round(j/k2);
          if y>n y=n; end
        G(i,j)=I (x,y);
    end
end
G
```

程序运行结果如下。

```
G=
    7    9   10   11   12
   13   15   16   17   18
   25   27   28   29   30
   31   33   34   35   36
>>M
```

```
M=
    4
>>N
N=
    5
```

以上是对任意二维图像进行不按比例缩小后的 MATLAB 实现过程。

思考题 3.1　对 Lena 图像进行 0.5 倍行方向和 0.5 倍列方向的缩小，即 Lena 图像的尺寸为 256×256，缩小后的新图像 G 的尺寸为 128×128，如图 3.4 所示。请补充具体代码（对于新图像 G 来说，任一点的坐标对应的原始图像坐标是求解的关键）。

（a）原始图像　　　　（b）缩小后的新图像

图 3.4　思考题 3.1 图

代码如下。

```
for i=1:128
for j=1:128
    G(i,j)=____
end
end
```

3.1.2　图像放大的实现方法与实现步骤

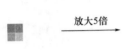

放大5倍

（a）原始图像　　　　　（b）放大后的新图像

图 3.5　图像放大示意

图像放大的简单思想如下：如果需要将原始图像放大 k 倍，则可以将原始图像的每个像素填充到新图像中对应的 $k×k$ 的子块中。图 3.5（a）所示为由红色的、蓝色的、绿色的、黄色的四个点组成的图像，要把它放大 5 倍，可以在新图像中对应的四个 5×5 子块中分别填充原来的像素，如

图 3.5（b）所示。显然当 k 是整数时，可以采用这种简单方法放大图像。当 k 不是整数时，这种方法并不适用，下面学习图像放大的经典实现思路。

假设原始图像的大小为 $M \times N$，放大后的图像大小为 $(k_1 \times M) \times (k_2 \times N)$ $(k_1 > 1, k_2 > 1)$，图像放大的实现步骤如下。

（1）设原始图像为 $F(i, j)(i = 1, 2, 3, \cdots, M; j = 1, 2, 3, \cdots, N)$，放大后的图像为 $G(x, y)(x = 1, 2, 3, \cdots, k_1 \cdot M; y = 1, 2, 3, \cdots, k_2 \cdot N)$。

（2）新图像与原始图像的对应关系为

$$G(x, y) = F(c_1 \cdot i, c_2 \cdot j), c_1 = 1 / k_1, c_2 = 1 / k_2 \tag{3.9}$$

可以看到，图像放大的实现思路与图像缩小的实现思路一致，唯一区别是 k_1 和 k_2 的取值范围：图像缩小时，k_1 和 k_2 都小于 1；图像放大时，k_1 和 k_2 都大于 1。

例 3.3 放大原始图像。

假设原始图像为 2 行 3 列，如图 3.6（a）所示，放大原始图像，放大比例为

$$k_1 = 1.5, k_2 = 1.2 \tag{3.10}$$

放大后的新图像的行 x 和列 y 为

$$i = [1, 2], j = [1, 3] \tag{3.11}$$

$$x = [1, 2 * 1.5] = [1, 3] \tag{3.12}$$

$$y = [1, 3 * 1.2] = [1, 4] \tag{3.13}$$

放大后的新图像为 3 行 4 列，对新图像中的任意行和任意列来说，新图像的行数 x 为 3，对应原始图像的坐标

$$x = [1 / 1.5, 2 / 1.5, 3 / 1.5] = [i1, i1, i2] \tag{3.14}$$

新图像的列数 y 为 4，对应原始图像的坐标

$$y = [1 / 1.2, 2 / 1.2, 3 / 1.2, 4 / 1.2] = [j1, j2, j3, j3] \tag{3.15}$$

放大后的新图像如图 3.6（b）所示。

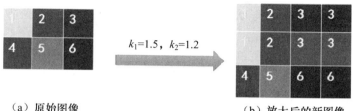

（a）原始图像　　　　　　　　　　　　　（b）放大后的新图像

图 3.6　图像放大示意

对于新图像的任一点坐标 (x, y)，都可以找到它在原始图像中的坐标，再根据点对点的映射关系得到放大后的新图像。

思考题 3.2 将 256×256 的原始图像放大为 512×512 的新图像 G，请补充具体代码。

（a）原始图像　　　（b）放大后的新图像

图 3.7　思考题 3.2 图

代码如下。

```
for i=1:512
for j=1:512
    G(i,j)=___
end
end
```

思考题 3.3 如果放大倍数太大，则按照上述方法处理时会出现马赛克效应。可以用什么方法解决或者改善这种情况呢？

3.2　平移变换

平移变换

为了达到某种视觉效果，可以变换输入图像的像素位置，把输入图像的像素位置映射到一个新的位置，以达到改变原始图像显示效果的目的，该过程称为图像的几何运算。图像的几何运算主要是指对图像进行几何变换、位置变换、形状变换，比如缩放、旋转、仿射变换等，在遥感图像的图像配准过程中也有很重要应用。

平移变换是几何变换中较简单的一种变换方法，是指将一幅图像上的所有点都按照给定的偏移量在水平方向沿 x 轴、在垂直方向沿 y 轴移动，如图 3.8 所示。

设将点 $P_0(x_0, y_0)$ 平移到 $P(x, y)$，其中 x 方向的平移量为 Δx，y 方向的平移量为 Δy，点 $P(x, y)$ 的坐标为

$$\begin{cases} x = x_0 + \Delta x \\ y = y_0 + \Delta y \end{cases} \tag{3.16}$$

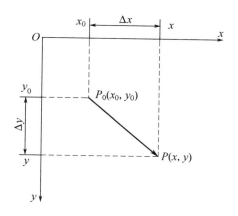

图 3.8   平移变换

平移变换前后，图像上的点 $P_0(x_0, y_0)$ 与点 $P(x, y)$ 之间的关系可以用如下矩阵变换表示：

$$\begin{bmatrix} x \\ y \\ 1 \end{bmatrix} = \begin{bmatrix} 1 & 0 & \Delta x \\ 0 & 1 & \Delta y \\ 0 & 0 & 1 \end{bmatrix} \begin{bmatrix} x_0 \\ y_0 \\ 1 \end{bmatrix} \qquad (3.17)$$

对变换矩阵求逆，可以得到逆变换

$$\begin{bmatrix} x_0 \\ y_0 \\ 1 \end{bmatrix} = \begin{bmatrix} 1 & 0 & -\Delta x \\ 0 & 1 & -\Delta y \\ 0 & 0 & 1 \end{bmatrix} \begin{bmatrix} x \\ y \\ 1 \end{bmatrix} \qquad (3.18)$$

或

$$\begin{cases} x_0 = x - \Delta x \\ y_0 = y - \Delta y \end{cases} \qquad (3.19)$$

在 MATLAB 环境中，没有专门实现图像平移的函数。下面为平移图像编程。

例 3.4   读取彩色图像 I，平移图像并显示结果。

在本例中，不考虑平移之后图像溢出的情况，假设平移前后图像的尺寸保持不变。平移后，图像中溢出的信息就丢失了。

```
I=imread('lean.jpg');          % 读取彩色图像 I
I=im2double(I);                % 将图像数据类型转换为双精度
[M,N,G]=size(I);              % 获取图像的高度 M、宽度 N 以及 G=3
a=20;                         % 设置行方向的平移量是正的 20 个像素
b=30;                         % 设置列方向的平移量是正的 30 个像素
for i=1:M                     % 两个 for 循环遍历图像中的所有像素点
        for j=1:N
```

```
            if((i+a)>=1&&(j+b)>=1)&&((i+a)>=1&&(j+b)<=N);
                        % 判断平移后行列坐标是否超出范围
                J(i+a,j+b,:)=I(i,j,:);   % 平移图像
            end
        end
end
subplot(121);imshow(I);subplot(122);imshow(J);
```

程序运行结果如图 3.9 所示。

图 3.9　程序运行结果

需要判断平移后行坐标和列坐标是否超出范围，此例因为平移量太大，已超出范围，所以整幅图像都会溢出。如果平移后的图像尺寸不扩充，画布尺寸保持不变，则平移量不能超过图像本身的尺寸，否则没有意义。

可以通过平移量递增观察平移量与溢出的关系。

例 3.5　通过平移量递增观察平移量与溢出的关系。

```
I=imread('lean.jpg');        % 读取彩色图像 I
I=im2double(I);              % 将图像数据类型转换为双精度
b=0;                        % 列方向平移量设置为 0，只观察行方向的
                              平移效果
for a=1:10:M                % 行方向从 1 个像素的平移量开始，以 10
                              为步进递增
J=ones(M,N,G);              % 初始化新图像矩阵为全 1 阵，尺寸与输入
                              图像相同
for i=1:M
    for j=1:N
        if(((i+a)>=1)&&((i+a)<=M)&&(j+b)>=1)&&(j+b<=N)
                        % 判断平移后行坐标和列坐标是否超出范围
```

```
            J(i+a,j+b,:)=I(i,j,:);    % 平移图像
        end
    end
end
subplot(121);imshow(I);subplot(122);imshow(J)
end
```

程序运行结果如图 3.10 所示（只展示部分效果）。

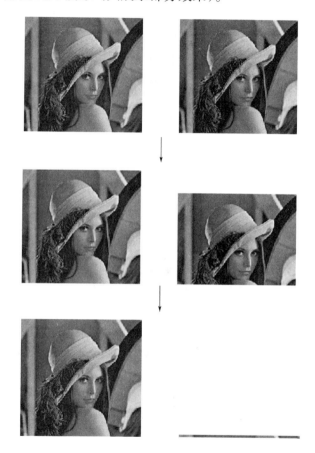

图 3.10　程序运行结果（只展示部分效果）

从图 3.10 中可以看到不同的运行效果，a 从 1 到 11，21，31，41，…，一直到 256 的平移效果不同；如果 $a>256$（图像高度），则图像溢出。

在 MATLAB 环境中，没有提供专门实现图像平移的函数，可以自定义一个函数实现平移功能，只需调用函数就可以实现平移操作。下面学习编写用 translation 函数实现图像平移的代码。自定义函数的语法为

```
function J=translation(I,a,b)
```

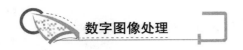

其中，function 为关键词，表明编写的函数；translation 为函数名；I、a 和 b 为函数的形式参数，I 为输入图像，a 和 b 分别为描述图像 I 沿着 x 轴和 y 轴移动的距离；J 为函数的输出，表示平移后的图像，也是一个形式参数。

例 3.6 自定义编写 translation 函数。

```
function J=translation(I,a,b)
                        %I 为输入图像，a 和 b 分别描述图像 I 沿着 x 轴
                        和 y 轴移动的距离

[M,N,G]=size(I);
I=im2double(I);                    % 将图像数据类型转换为双精度
J=ones(M,N,G);                     % 初始化新图像矩阵为全 1 阵，尺寸与输入
                                   图像相同

for i=1:M
        for j=1:N
                if((i+a)>=1&&(j+b)>=1)&&((i+a)<=M&&(j+b)<=N)
                        J(i+a,j+b,:)=I(i,j,:);    % 平移图像
                end
        end
end
```

自定义函数代码与例 3.5 的程序代码类似，区别是编写函数、函数名、函数形式参数以及架设 function 关键词的方法。定义函数后就可以使用了，需要注意的是自定义函数时要以函数名命名文件名。应该将例 3.6 的文件保存为 translation.m，以便使用函数时方便找到定义函数的文件。

例 3.7 利用 translation 函数平移图像。

第一部分实现右下平移。定义好彩色图像 I、平移量 a 和平移量 b 三个参数，设置平移坐标 $a=90$，$b=90$。

```
I=imread('lena.jpg');     % 读取彩色图像 I
a=90;b=90;                % 平移图像
J1=translation(I,a,b);
subplot(2,2,1);imshow(J1);axis on;
title(' 右下平移图像 ');
```

第二部分实现左上平移。设置平移坐标 $a=-90$，$b=-90$。

```
a=-90;b=-90;                    % 设置平移坐标
J2=translation(I,a,b);         % 平移图像
subplot(2,2,2);imshow(J2);axis on;
title(' 左上平移图像 ');
```

第三部分实现右上平移。设置平移坐标 a=-90，b=90。

```
a=-90;b=90;                    % 设置平移坐标
J3=translation(I,a,b);    % 平移图像
subplot(2,2,3);imshow(J3);axis on;
title(' 右上平移图像 ');
```

第四部分实现左下平移。设置平移坐标 a=90，b=-90。

```
a=90;b=-90;                      % 设置平移坐标
J4=translation(I,a,b);     % 平移图像
subplot(2,2,4);imshow(J4);axis on;
title( ' 左下平移图像 ');
```

程序运行结果如图 3.11 所示。

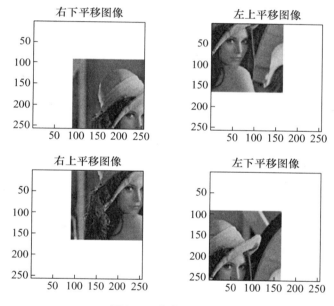

图 3.11　程序运行结果

以上程序中的参数 a 和 b 的取值不同，图像平移的结果不同。如果考虑图像平移不溢出的情况，即可以根据图像平移量的大小和方向实时调整画布尺寸，则平移后的图像的所有信息都可保留。因此实现平移后图像不溢出的关键是扩展画布，画布的尺寸是由平移量决定的。

例 3.8　自定义编写 translation_T 函数实现图像平移且不溢出的效果。

```
function J=translation_T(I,a,b)
%I 为输入图像，a、b 描述图像 I 沿着 x 轴和 y 轴移动的距离
```

```
% 考虑溢出情况，采用扩大显示区域的方法
[M,N,G]=size(I);               % 获取输入图像I的尺寸
I=im2double(I);                % 将图像数据类型转换为双精度
J=ones(M+abs(a),N+abs(b),G);
% 初始化新图像矩阵为全1阵，尺寸根据x轴和y轴的平移范围确定
for i=1:M
      for j=1:N
            if(a<0&&b<0);              % 如果进行左上移动，对新图像矩阵
                                          进行赋值
                  J(i,j,:)=I(i,j,:);
            else  if(a>0&&b>0);        % 如果进行右下移动，对新图像矩阵
                                          进行赋值
                  J(i+a,j+b,:)=I(i,j,:);
            else  if(a>0&&b<0);        % 如果进行左下移动，对新图像矩阵
                                          进行赋值
                  J(i+a,j,:)=I(i,j,:);
            else                       % 如果进行右上移动，对新图像矩阵
                                          进行赋值
                  J(i,j+b,:)=I(i,j,:);
                  end
                  end
            end
      end
end
```

实际上，需要考虑的只有 a 和 b 的取值范围，根据 a 和 b 大于 0 或小于 0 的情况，其组合有四种，四种平移方向对应不同的赋值关系，以整体实现扩大画布且图像不溢出的平移操作。

例 3.9 考虑平移后超出显示区域的像素点实现图像平移。

分别设置 $a=90$，$b=90$；$a=-90$，$b=-90$；$a=-90$，$b=90$ 和 $a=90$，$b=-90$ 四种平移坐标。调用定义好的 translation_T 函数实现平移操作。

```
I=imread('lena.jpg');          % 读取彩色图像I
a=90;b=90;
J1=translation_T(I,a,b);    % 平移图像
subplot(221);imshow(J1);axis on; title(' 右下平移图像 ');
a=-90;b=-90;
J2=translation_T(I,a,b);      % 平移图像
```

```
subplot(222);imshow(J2);axis on; title(' 左上平移图像 ');
a=-90;b=90;
J3=translation_T(I,a,b);      % 平移图像
subplot(223);imshow(J3);axis on; title(' 右上平移图像 ');
a=90;b=-90;
J4=translation_T(I,a,b);      % 平移图像
subplot(224);imshow(J4); axis on; title(' 左下平移图像 ');
```

程序运行结果如图 3.12 所示。

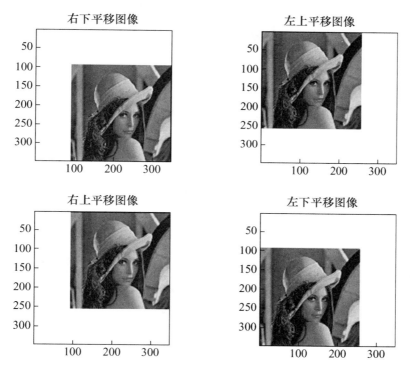

图 3.12　程序运行结果

3.3　错切变换

错切变换实际上是平面景物在投影平面上的非垂直投影效果。因为绝大多数图像都是由三维物体在二维平面上的投影得到的，所以需要研究图像的错切现象。错切使图像中的图形产生扭变，这种扭变只在一个方向上产生，分别称为水平方向错切和垂直方向错切。

错切变换

图像错切变换效果如图 3.7 所示，图 3.7（a）所示为原始图像，图 3.7（b）和图 3.7（c）分别展示了水平方向 30° 错切和垂直方向 30° 错切。

可以看到，错切变换使图像分别在水平方向和垂直方向发生了扭变。经过错切变换

之后，图像的尺寸发生了变化，并且原始图像与错切之后的点之间存在某种变换关系。

（a）原始图像　　　　（b）水平方向30°错切　　　　（c）垂直方向30°错切

图 3.13　图像错切变换效果

错切变换对应的数学模型是什么？点对点的映射关系是怎样的？如何编程实现错切变换效果呢？

3.3.1　水平方向错切

根据图像错切定义，水平方向错切是指图形在水平方向上发生了扭变。如图 3.14 所示，当原始图像发生水平方向错切时，图像对应的矩形水平方向上的边扭变为斜边，而垂直方向上的边不变。同理，当原始图像发生垂直方向错切时，图像对应的矩形垂直方向上的边扭变为斜边，而水平方向上的边不变。

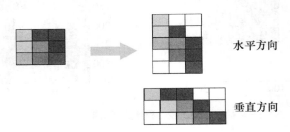

图 3.14　错切示例

可以看到，错切之后图像的像素排列方向发生了改变，坐标变化的特点是 x 方向与 y 方向独立变化。

水平方向错切后，图像的尺寸和形状都发生了变化。假设错切角度记为 θ，原始图像为 M 行 N 列，错切后的图像为 M' 行 N' 列，如图 3.15 所示，水平方向错切的数学表达式为

$$\begin{cases} M' = M + N\tan\theta \\ \quad N' = N \end{cases} \tag{3.20}$$

经过角度为 θ 的错切之后，坐标点 (x,y) 移到哪里去了呢？

水平方向错切原理如图 3.16 所示，设 (x, y) 为原始图像的坐标，(x', y') 为错切后图像的坐标，点到点的移动依然满足错切角度 θ。按 x 方向移位的距离就是短的直角边，计算得到移位距离为 $y\tan\theta$，从而得到错切前后图像的点对点的映射关系

$$\begin{cases} x' = x + y\tan\theta \\ \quad y' = y \end{cases} \quad\quad （3.21）$$

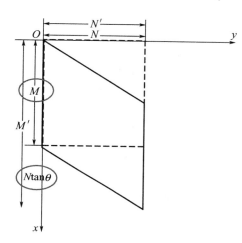

图 3.15　水平方向错切示意

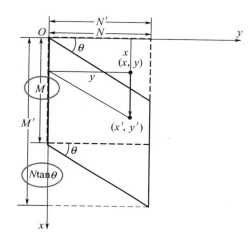

图 3.16　水平方向错切原理

例 3.10　在 MATLAB 环境中实现图像水平方向错切的效果。

```
F=imread('lena.jpg');
[M,N]=size(F);
G=zeros(round(M+N*tan(pi/6)),N);
for x=1:M
    for y=1:N
        G(round(x+y*tan(pi/6)),y)=F(x,y);
    end
end
subplot(121);imshow(F);title(' 原始图像 ')
subplot(122);imshow(uint8(G));title(' 水平方向 30° 错切 ')
```

程序运行结果如图 3.17 所示。

彩色图像错切点对点的映射是相同的，区别在于彩色图像需要考虑 R、G、B 三个通道。

例 3.11　在 MATLAB 环境中实现彩色图像水平方向错切的效果。

```
F=imread('lena.jpg');
[M,N,d]=size(F);                    % 获取图像尺寸
```

```
G=zeros(M,N+round(M*tan(pi/6)),d);        %d可以用3代替
for x=1:M
    for y=1:N
        G(x,round(y+x*tan(pi/6)),:)=F(x,y,:);
    end
end
```

原始图像

水平方向30°错切

图 3.17   程序运行结果

程序运行结果如图 3.18 所示。

水平方向30°错切

原始图像

图 3.18   程序运行结果

实际上，彩色图像的代码只比灰度图像的代码多了两个冒号，分别代表 d 的所有取值，也就是 1 ~ 3 三个通道。

彩色图像水平方向错切可用三种代码编写方法实现，这些方法是等价的。

```
    G(x,round(y+x*tan(pi/6)),:)=F(x,y,:);
```

等价于

```
    G(x,round(y+x*tan(pi/6)),1:3)=F(x,y,1:3);
```

也等价于

```
for k=1:3
    G(x,round(y+x*tan(pi/6)),k)=F(x,y,k);
end
```

在彩色图像水平错切的实现过程中，需要注意以下两点。

（1）获取彩色图像尺寸的代码。

```
[M,N,d]=size(F)
```

或

```
h=size(F)
```

其中，h(1) 的值表示高度，h(2) 的值表示宽度。

（2）如果不知道图像是否为彩色图像，则可以使用以下语法统一处理。

```
if size(F,3)>1        % 如果大于 1，则是非灰度图像
    [M,N,d]=size(F);
else
    [M,N]=size(F);
end
```

同理，如果需要处理一幅灰度图像，但是无法确定输入的图像是不是灰度图像，则可以使用以下语法。

```
if size(F,3)>1
    F=rgb2gray(F);
end
```

将彩色图像转换为灰度图像，可以保证得到灰度图像。

3.3.2 垂直方向错切

假设错切角度记为 θ，原始图像为 M 行 N 列，错切后的图像为 M' 行 N' 列，如图 3.19 所示。图像垂直方向错切的数学表达式为

$$\begin{cases} M' = M \\ N' = N + M\tan\theta \end{cases} \tag{3.22}$$

垂直方向错切原理如图 3.20 所示，设 (x,y) 为原始图像的坐标，(x', y') 为错切后图像的坐标，x' 与 x, y' 与 y 之间的关系式是什么样的呢？

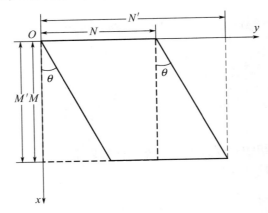

图 3.19　垂直方向错切示意

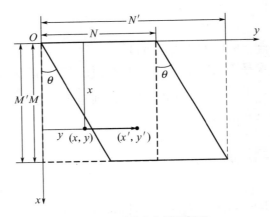

图 3.20　垂直方向错切原理

通过图 3.20 可以看到，点到点的移动依然满足错切角度 θ。错切之后，点的列坐标向 y 方向移位，移位距离短的直角边与 x 坐标有关，计算得到移位距离为 $x\tan\theta$，从而得到错切前后图像的点对点的映射关系

$$\begin{cases} x' = x \\ y' = y + x\tan\theta \end{cases} \qquad (3.23)$$

无论是水平方向错切还是垂直方向错切，都需要清楚图像的尺寸变化以及每个点的坐标变化。

例 3.12　在 MATLAB 环境中实现图像垂直方向错切的效果。

```
F=imread('lena.jpg');
[M,N]=size(F);
```

```
G=zeros(M,N+round(M*tan(pi/6)));
for x=1:M
    for y=1:N
        G(x,round(y+x*tan(pi/6)))=F(x,y);
    end
end
subplot(121);imshow(F);title(' 原始图像 ')
subplot(122);imshow(uint8(G));title(' 垂直方向 30° 错切 ')
```

程序运行结果如图 3.21 所示。

原始图像

垂直方向30°错切

图 3.21　程序运行结果

当使用 subplot 将原始图像与垂直方向错切之后的图像放在一个画布中时，不能正确呈现这两幅图像的尺寸关系，其实其高度相等，如何解决这个问题呢？

一般解决方法是使用 subplot 添加画布时，设置相同的画图刻度，具体代码如下。

```
a1=subplot(121);imshow(F);title(' 原始图像 ')   % 将原始图像的画布
                                                   设为 a1
a2=subplot(122);imshow(uint8(G));title(' 垂直方向 30° 错切 ')
                                   % 将右边图像的画布设为 a2
xsize=get(a2,'XLim');
ysize=get(a2,'YLim');
set(a1,'XLim',xsize,'YLim',ysize);
```

程序运行结果如图 3.22 所示。

以上就是对灰度图像进行垂直方向错切的实现过程。

彩色图像错切同样要考虑 R、G、B 三个通道的问题，也就是要对每个通道进行点对点的映射，编程过程中，需要找到点对点的映射关系，并考虑每个点都有 R、G、B 三个值。

原始图像   垂直方向30°错切

图 3.22   程序运行结果

例 3.13   在 MATLAB 环境中实现彩色图像水平方向错切的效果。

```
F=imread('lena.jpg');
[M,N,d]=size(F);
G=zeros(M,N+round(M*tan(pi/6)),d);
for x=1:M
    for y=1:N
        G(x,round(y+x*tan(pi/6)),:)=F(x,y,:);
    end
end
```

同理，赋值的代码中只多了两个冒号，分别代表需要遍历 RGB 三个通道的所有映射。如为两幅图像加上相同的比例，就可以得到图 3.23 所示的程序运行结果。

原始图像   垂直方向30°错切

图 3.23   程序运行结果

例 3.14   在 MATLAB 环境中实现彩色图像水平方向错切和垂直方向错切的效果。

```
I=imread('lena.jpg');
h=size(I);                  % 获取彩色图像的尺寸
f1=zeros(h(1)+round(h(2)*tan(pi/6)),h(2),h(3));        % 得到水平
方向错切图像的初始化
for m=1:h(1)
    for n=1:h(2)
% 实现水平方向错切图像与原始图像的点对点映射
```

```
        f1(m+round(n*tan(pi/6)),n,1:h(3))=I(m,n,1:h(3));
    end
end
figure;
imshow(uint8(f1));
title(' 水平 30°');
f2=zeros(h(1),h(2)+round(h(2)*tan(pi/6)),h(3));   % 得到垂直方
```
向错切图像的初始化
```
for m=1:h(1)
    for n=1:h(2)
```
% 实现垂直方向错切图像与原始图像的点对点映射
```
        f2(m,n+round(m*tan(pi/6)),1:h(3))=I(m,n,1:h(3));
    end
end
figure;
imshow(uint8(f2));
title(' 垂直方向 30° 错切 ');
```
程序运行结果如图 3.24 所示。

图 3.24　程序运行结果

3.4　镜像变换

镜像变换不改变图像的形状，分为水平镜像、垂直镜像和对角镜像。

3.4.1　水平镜像

水平镜像是指将图像左半部分和右半部分以图像垂直中轴线为中心进行镜像对换，如图 3.25 所示。

镜像变换

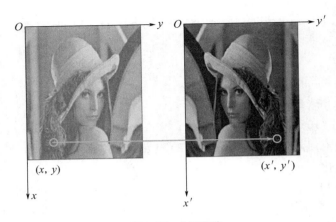

图 3.25　水平镜像

假设对点 $P(x,y)$ 进行水平镜像后的对应点为 $P'(x',y')$，图像高度为 $f\mathrm{height}$，宽度为 $f\mathrm{width}$，原始图像中 $P(x,y)$ 经过水平镜像后坐标变为 (x',y')，其代数表达式为

$$\begin{cases} x' = x \\ y' = f\mathrm{width} - y \end{cases} \tag{3.24}$$

假设原始图像 F 的矩阵

$$\boldsymbol{F} = \begin{bmatrix} f_{11} & f_{12} & f_{13} & f_{14} & f_{15} \\ f_{21} & f_{22} & f_{23} & f_{24} & f_{25} \\ f_{31} & f_{32} & f_{33} & f_{34} & f_{35} \\ f_{41} & f_{42} & f_{43} & f_{44} & f_{45} \\ f_{51} & f_{52} & f_{53} & f_{54} & f_{55} \end{bmatrix} \tag{3.25}$$

经过水平镜像的图像，行的排列顺序保持不变，将原来的列排列 j=1,2,3,4,5 转换成 j=5,4,3,2,1，即

$$\boldsymbol{G} = \begin{bmatrix} f_{15} & f_{14} & f_{13} & f_{12} & f_{11} \\ f_{25} & f_{24} & f_{23} & f_{22} & f_{21} \\ f_{35} & f_{34} & f_{33} & f_{32} & f_{31} \\ f_{45} & f_{44} & f_{43} & f_{42} & f_{41} \\ f_{55} & f_{54} & f_{53} & f_{52} & f_{51} \end{bmatrix} \tag{3.26}$$

3.4.2　垂直镜像

垂直镜像是指将图像上半部分和下半部分以图像水平中轴线为中心进行镜像对换，如图 3.26 所示。

设对点 $P(x, y)$ 进行镜像后的对应点为 $P'(x', y')$，图像高度为 $f\mathrm{height}$，宽度为 $f\mathrm{width}$，原始图像中的点 $P(x,y)$ 经过垂直镜像后坐标变为 $(f\mathrm{height}-x,y)$，其代数表达式为

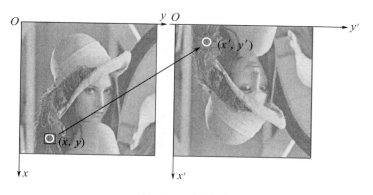

图 3.26　垂直镜像

$$\begin{cases} x' = f\,\text{height} - x \\ y' = y \end{cases} \tag{3.27}$$

假设原始图像 F 的矩阵

$$\boldsymbol{F} = \begin{bmatrix} f_{11} & f_{12} & f_{13} & f_{14} & f_{15} \\ f_{21} & f_{22} & f_{23} & f_{24} & f_{25} \\ f_{31} & f_{32} & f_{33} & f_{34} & f_{35} \\ f_{41} & f_{42} & f_{43} & f_{44} & f_{45} \\ f_{51} & f_{52} & f_{53} & f_{54} & f_{55} \end{bmatrix} \tag{3.28}$$

经过垂直镜像的图像，列的排列顺序保持不变，将原来的行排列 $i=1,2,3,4,5$ 转换成 $i=5,4,3,2,1$，即

$$\boldsymbol{G} = \begin{bmatrix} f_{51} & f_{52} & f_{53} & f_{54} & f_{55} \\ f_{41} & f_{42} & f_{43} & f_{44} & f_{45} \\ f_{31} & f_{32} & f_{33} & f_{34} & f_{35} \\ f_{21} & f_{22} & f_{23} & f_{24} & f_{25} \\ f_{11} & f_{12} & f_{13} & f_{14} & f_{15} \end{bmatrix} \tag{3.29}$$

3.4.3　对角镜像

对角镜像是指以图像水平中轴线和垂直中轴线的交点为中心进行镜像对换，相当于先后对图像进行水平镜像和垂直镜像，如图 3.27 所示。

原始图像中点 $P(x,y)$ 经过垂直镜像后的坐标变为 $(f\,\text{height}-x, f\,\text{width}-y)$，其代数表达式为

$$\begin{cases} x' = f\,\text{height} - x \\ y' = f\,\text{width} - y \end{cases} \tag{3.30}$$

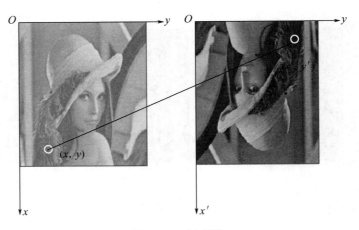

图 3.27   对角镜像

假设原始图像 F 的矩阵

$$F = \begin{bmatrix} f_{11} & f_{12} & f_{13} & f_{14} & f_{15} \\ f_{21} & f_{22} & f_{23} & f_{24} & f_{25} \\ f_{31} & f_{32} & f_{33} & f_{34} & f_{35} \\ f_{41} & f_{42} & f_{43} & f_{44} & f_{45} \\ f_{51} & f_{52} & f_{53} & f_{54} & f_{55} \end{bmatrix} \qquad (3.31)$$

对角镜像实际上是将原来的行排列 $i=1,2,3,4,5$ 转换成 $i=5,4,3,2,1$，将原来的列排列 $j=1,2,3,4,5$ 转换成 $j=5,4,3,2,1$，也就是对行和列都进行了逆向排序。即

$$G = \begin{bmatrix} f_{55} & f_{54} & f_{53} & f_{52} & f_{51} \\ f_{45} & f_{44} & f_{43} & f_{42} & f_{41} \\ f_{35} & f_{34} & f_{33} & f_{32} & f_{31} \\ f_{25} & f_{24} & f_{23} & f_{22} & f_{21} \\ f_{15} & f_{14} & f_{13} & f_{12} & f_{11} \end{bmatrix} \qquad (3.32)$$

例 3.15   利用 MATLAB 实现图像的水平镜像、垂直镜像及对角镜像。

```
F=imread('lena.jpg');
H=size(F);
G1(1:H(1),1:H(2),1:H(3))=F(1:H(1),H(2):-1:1,1:H(3));  %水平镜像
G2(1:H(1),1:H(2),1:H(3))=F(H(1):-1:1,1:H(2),1:H(3));  %垂直镜像
G3(1:H(1),1:H(2),1:H(3))=F(H(1):-1:1,H(2):-1:1,1:H(3));  %对角镜像
subplot(2,2,1);imshow(F);  title('原始图像');
subplot(2,2,2);imshow(G1);  title('水平图像');
subplot(2,2,3);imshow(G2);  title('垂直图像');
subplot(2,2,4);imshow(G3);  title('对角镜像');
```

程序运行结果如图 3.28 所示。

原始图像

水平图像

垂直图像

对角镜像

图 3.28　程序运行结果

3.5　图像旋转

图像旋转

图像旋转是几何学研究的重要内容之一。一般情况下，图像旋转是指以图像的中心为原点，将图像上的所有像素都旋转同一个角度。图像旋转后，位置发生了改变，一般尺寸也会改变。与平移变换相同，在图像旋转过程中既可以截掉转出显示区域的图像，又可以扩大显示区域的图像范围以显示全部图像。图像旋转的原理如图 3.29 所示。

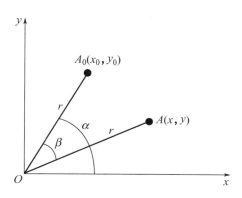

图 3.29　图像旋转的原理

设原始图像的任意点 $A_0(x_0, y_0)$ 旋转 β 角度后到新位置 $A(x,y)$，为了方便，采用极坐标形式表示，设原始点与 x 轴的角度为 α。

根据极坐标与二维垂直坐标的关系，原始图像的点 $A_0(x_0, y_0)$ 的坐标为

$$\begin{cases} x_0 = r\cos\alpha \\ y_0 = r\sin\alpha \end{cases}$$ （3.33）

旋转到新位置后，点 $A(x,y)$ 的坐标为

$$\begin{cases} x = r\cos(\alpha - \beta) = r\cos\alpha\cos\beta + r\sin\alpha\sin\beta \\ y = r\sin(\alpha - \beta) = r\sin\alpha\cos\beta - r\cos\alpha\sin\beta \end{cases}$$ （3.34）

由于图像旋转需要用点 $A_0(x_0, y_0)$ 表示点 $A(x,y)$，因此对上式进行简化，得

$$\begin{cases} x = x_0\cos\beta + y_0\sin\beta \\ y = -x_0\sin\beta + y_0\cos\beta \end{cases}$$ （3.35）

图像旋转也可以用矩阵形式表示：

$$\begin{bmatrix} x \\ y \\ 1 \end{bmatrix} = \begin{bmatrix} \cos\beta & \sin\beta & 0 \\ -\sin\beta & \cos\beta & 0 \\ 0 & 0 & 1 \end{bmatrix} \begin{bmatrix} x_0 \\ y_0 \\ 1 \end{bmatrix}$$ （3.36）

图像旋转后，由于数字图像的坐标值必须为整数，因此可能引起图像部分像素的局部改变，图像的尺寸也会发生一定的改变。

如果图像旋转角度 $\beta = 45°$，则变换关系为

$$\begin{cases} x = 0.707x_0 + 0.707y_0 \\ y = -0.707x_0 + 0.707y_0 \end{cases}$$ （3.37）

假设原始图像的点 (1,1) 旋转后均为小数，经过四舍五入后为 (1,0)，产生了位置误差，可见图像旋转后可能会发生细微的变化。

图像旋转时应注意以下两点。

（1）为了避免图像旋转后信息丢失，可以先进行平移，再进行旋转。

（2）图像旋转后，可能会出现一些空白点，需对这些空白点进行灰度级的插值处理，否则会影响旋转后的图像质量。

MATLAB 提供了 imrotate 函数以实现图像旋转。函数的调用格式如下。

（1）B=imrotate(A,angle)，将图像 A 旋转角度 angle，单位为度（°），逆时针为正，顺时针为负。

（2）B=imrotate(A,angle,method)，其中 method 指定图像旋转插值方法分别是 nearest（最近邻插值）、bilinear（双线性插值）、bicubic（双立方插值），默认为 nearest。

（3）B=imrotate(A,angle,method,bbox)，其中 bbox 指定返回图像的尺寸，取值为 crop，输出图像 B 与输入图像 A 具有相同尺寸，对旋转图像进行剪切以满足要求，默认值为 Loose，输出图像 B 包含整个旋转后的图像，通常输出图像 B 比输入图像 A 的尺寸大。

例 3.16 利用 imrotate 函数旋转图像。

```
A=imread('lena.jpg');
G1=imrotate(A,60);                              % 实现对图像 A 逆时针旋转
```
60°，插值方法是最近邻插值，参数 bbox 的默认值是 Loose，输出图像 J1 包含了图像 A

```
G2=imrotate(A,-30);                              % 实现对图像 A 顺时针旋
```
转 30°，插值方法也是最近邻插值

```
G3=imrotate(A,60,'bicubic','crop');       % 实现逆时针旋转 60°，插
```
值方法采用双立方插值。bbox 取值 crop，J1 的尺寸与图像 A 相同。

```
G4=imrotate(A,30,'bicubic','loose');     % 实现顺时针旋转 30°，插值
```
方法采用双立方插值，bbox 取值 Loose，J1 的尺寸比图像 A 大

```
subplot(221);imshow(G1);
title(' 逆时针旋转 60°');
subplot(222);imshow(G2);
title(' 顺时针旋转 30°');
subplot(223);imshow(G3);
title(' 裁剪的旋转 ');
subplot(224);imshow(G4);
title(' 不裁剪的旋转 ');
```

程序运行结果如图 3.30 所示。

逆时针旋转60°

顺时针旋转30°

裁剪的旋转

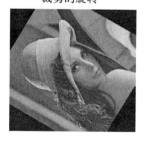

不裁剪的旋转

图 3.30　程序运行结果

仿射变换

3.6　仿射变换

图像的几何变换可以用齐次坐标和仿射变换表示。

仿射变换是一种二维坐标 (x_0, y_0) 到二维坐标 (x, y) 的线性变换，其数学表达式形式为

$$\begin{cases} x = a_1 x_0 + b_1 y_0 + c_1 \\ y = a_2 x_0 + b_2 y_0 + c_2 \end{cases} \tag{3.38}$$

仿射变换的功能是从二维坐标到二维坐标的线性变换，且可以保持二维图形的"平直性"和"平行性"。仿射变换可以通过一系列原子变换的复合来实现，包括平移、镜像、错切和旋转等。

3.6.1　平移仿射变换

图像平移的原理如图 3.31 所示。

在前面章节已经推导过平移的代数表达式，这里直接得出图像平移的计算公式

$$\begin{cases} x = x_0 + \Delta x \\ y = y_0 + \Delta y \end{cases} \tag{3.39}$$

图 3.31　图像平移的原理

式（3.39）是在二维图像坐标系下平移的计算公式，显然这种变换不是线性变换。如果增加一个坐标轴，在齐次坐标下的变换就是线性变换，这种线性变换也称仿射变换。线性变换的三个坐标轴分别为 x、y 和常数项 1。

仿射变换是一种线性变化，可以用矩阵形式重写。

$$[x \quad y \quad 1] = [x_0 \quad y_0 \quad 1] \begin{bmatrix} a & c & 0 \\ b & d & 0 \\ \Delta x & \Delta y & 1 \end{bmatrix} \tag{3.40}$$

从而得到用矩阵表示仿射变换的一般形式。

对于平移仿射变换

$$[x \quad y \quad 1] = [x_0 \quad y_0 \quad 1] \begin{bmatrix} 1 & 0 & 0 \\ 0 & 1 & 0 \\ \Delta x & \Delta y & 1 \end{bmatrix} \tag{3.41}$$

例 3.17　在 MATLAB 环境中实现平移仿射变换。

使用 maketransform 函数可以建立仿射变换矩阵，传递一个 tfrom 结构体，包含执行变换需要的所有参数。根据前面的分析，平移仿射变换矩阵为

$$\boldsymbol{T} = \begin{bmatrix} 1 & 0 & 0 \\ 0 & 1 & 0 \\ m & n & 1 \end{bmatrix} \tag{3.42}$$

imtransform 函数可以实现仿射变换，将要变换的图像和 tform 结构体传递给 imtransform 函数即可；还可以放大画布，以直观地看到图像的移位，具体代码如下。

```
I=imread('lena.jpg');
subplot(121);imshow(I);title(' 原始图像 ');
H=size(I);
m=30;n=80;
tform=maketform('affine',[1 0 0;0 1 0;m n 1]);
B=imtransform(I,tform,'XData',[1 H(2)+abs(m)],'YData',[1
H(1)+abs(n)]);
subplot(122);imshow(B);title(' 平移后的图像 ');
```

程序运行结果如图 3.32 所示。

原始图像

平移后的图像

图 3.32　程序运行结果

通过图 3.32 可以明显地看到原始图像在水平方向移动了 30 个像素点，在垂直方向移动了 80 个像素点。

3.6.2　镜像仿射变换

1. 水平镜像仿射变换

假设水平轴为 x 方向，垂直轴为 y 方向，则水平镜像的数学表达式为

$$\begin{cases} x = f\text{width} - x_0 \\ y = y_0 \end{cases} \tag{3.43}$$

矩阵表达式为

$$\begin{bmatrix} x & y & 1 \end{bmatrix} = \begin{bmatrix} x_0 & y_0 & 1 \end{bmatrix} \begin{bmatrix} -1 & 0 & 0 \\ 0 & 1 & 0 \\ f\text{width} & 0 & 1 \end{bmatrix} \tag{3.44}$$

例 3.18　在 MATLAB 环境中实现水平镜像仿射变换。

水平镜像仿射变换矩阵定义为

$$T = \begin{bmatrix} -1 & 0 & 0 \\ 0 & 1 & 0 \\ f\text{width} & 0 & 1 \end{bmatrix}$$

（3.45）

```
I=imread('lena.jpg');
[fheight,fwidth]=size(I);
tform1=maketform('affine',[-1 0 0;0 1 0;fwidth 0 1]);
J1=imtransform(I,tform1);
subplot(121);imshow(I);title(' 原始图像 ');
subplot(122);imshow(J1);title(' 水平镜像 ');
```

程序运行结果如图 3.33 所示。

图 3.33　程序运行结果

2. 垂直镜像仿射变换

假设水平轴为 x 方向，垂直轴为 y 方向，则垂直镜像的数学表达式为

$$\begin{cases} x = x_0 \\ y = f\text{height} - y_0 \end{cases}$$

（3.46）

矩阵表达式为

$$[x \quad y \quad 1] = [x_0 \quad y_0 \quad 1] \begin{bmatrix} 1 & 0 & 0 \\ 0 & -1 & 0 \\ 0 & f\text{height} & 1 \end{bmatrix}$$

（3.47）

例 3.19　在 MATLAB 环境中实现垂直镜像仿射变换。

垂直镜像仿射变换矩阵定义为

$$T = \begin{bmatrix} 1 & 0 & 0 \\ 0 & -1 & 0 \\ 0 & f\text{height} & 1 \end{bmatrix}$$

（3.48）

```
I=imread('lena.jpg');
[fheight,fwidth]=size(I);
tform2=maketform('affine',[1 0 0;0 -1 0;0 fheight 1]);
J2=imtransform(I,tform2);
subplot(121);imshow(I);title(' 原始图像 ');
subplot(122);imshow(J2);title(' 垂直镜像 ');
```

程序运行结果如图 3.34 所示。

原始图像　　　　　　　　　　　　垂直镜像

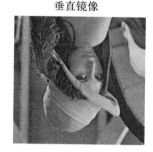

图 3.34　程序运行结果

3.6.3　错切仿射变换

前面推导过水平错切的数学表达式：

$$\begin{cases} x = x_0 \\ y = y_0 + x_0\tan\theta \end{cases} \tag{3.49}$$

矩阵表达式为

$$\begin{bmatrix} x & y & 1 \end{bmatrix} = \begin{bmatrix} x_0 & y_0 & 1 \end{bmatrix}\begin{bmatrix} 1 & \tan\theta & 0 \\ 0 & 1 & 0 \\ 0 & 0 & 1 \end{bmatrix} \tag{3.50}$$

例 3.20　在 MATLAB 环境中实现水平方向 45° 错切仿射变换。

水平错切仿射变换矩阵定义为

$$\boldsymbol{T} = \begin{bmatrix} 1 & \tan\theta & 0 \\ 0 & 1 & 0 \\ 0 & 0 & 1 \end{bmatrix} \tag{3.51}$$

```
I=imread('lena.jpg');
[fheight,fwidth]=size(I);
tform3=maketform('affine',[1 tan(pi/4) 0;0 1 0;0 0 1]);
```

```
J3=imtransform(I,tform3);
subplot(121);imshow(I);title(' 原始图像 ');
subplot(122);imshow(J3);title(' 水平方向 45° 错切 ');
```

程序运行结果如图 3.35 所示。

水平方向45°错切

原始图像

图 3.35　程序运行结果

类似地，可以推导出垂直错切的矩阵数学表达式为

$$\begin{cases} x = x_0 + y_0\tan\theta \\ y = y_0 \end{cases} \tag{3.52}$$

矩阵表达式为

$$[x \quad y \quad 1] = [x_0 \quad y_0 \quad 1]\begin{bmatrix} 1 & 0 & 0 \\ \tan\theta & 1 & 0 \\ 0 & 0 & 1 \end{bmatrix} \tag{3.53}$$

例 3.21　在 MATLAB 环境中实现垂直方向 45° 错切仿射变换。

垂直错切仿射变换矩阵定义为

$$\boldsymbol{T} = \begin{bmatrix} 1 & 0 & 0 \\ \tan\theta & 1 & 0 \\ 0 & 0 & 1 \end{bmatrix} \tag{3.54}$$

```
I=imread('lena.jpg');
[fheight,fwidth]=size(I);
tform4=maketform('affine',[1 0 0;tan(pi/4) 1 0;0 0 1]);
J4=imtransform(I,tform4);
```

```
subplot(121);imshow(I);title(' 原始图像 ');
subplot(122);imshow(J4);title(' 垂直方向 45° 错切 ');
```

程序运行结果如图 3.36 所示。

原始图像

垂直方向45°错切

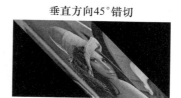

图 3.36　程序运行结果

3.6.4　旋转仿射变换

前面推导过旋转变换的数学表达式

$$\begin{cases} x = x_0\cos\beta + y_0\sin\beta \\ y = -x_0\sin\beta + y_0\cos\beta \end{cases} \tag{3.55}$$

矩阵表达式为

$$\begin{bmatrix} x & y & 1 \end{bmatrix} = \begin{bmatrix} x_0 & y_0 & 1 \end{bmatrix}\begin{bmatrix} \cos\beta & -\sin\beta & 0 \\ \sin\beta & \cos\beta & 0 \\ 0 & 0 & 1 \end{bmatrix} \tag{3.56}$$

例 3.22　在 MATLAB 环境中实现逆时针 30° 旋转仿射变换。

旋转仿射变换矩阵定义为

$$\boldsymbol{T} = \begin{bmatrix} \cos\beta & -\sin\beta & 0 \\ \sin\beta & \cos\beta & 0 \\ 0 & 0 & 1 \end{bmatrix} \tag{3.57}$$

```
I=imread('lena.jpg');
[fheight,fwidth]=size(I);
tform5=maketform('affine',[cos(pi/6) -sin(pi/6) 0;sin(pi/6)
cos(pi/6) 0;0 0 1]);
J5=imtransform(I,tform5);
subplot(121);imshow(I);title(' 原始图像 ');
```

```
subplot(122);imshow(J5);title(' 逆时针 30° 旋转 ');
```

程序运行结果如图 3.37 所示。

原始图像  逆时针36°旋转

图 3.37　程序运行结果

本章小结

　　本章主要介绍了图像的几何变换。形状变换是指用数学建模的方法描述图像形状发生的变化，主要包括图像的缩小、放大和错切。图像缩小实际上是对原有的图像数据进行挑选或处理，获得期望的缩小的图像数据，并尽量保持原有特征不丢失。图像放大最简单的思想是，如果需要将原图像放大 k 倍，则可以将原图像的每个像素填在新图像中对应的 $k \times k$ 子块中。平移变换是几何变换中较简单的一种变换，是指将图像上的所有点都按照给定的偏移量在水平方向沿 x 轴、在垂直方向沿 y 轴移动。错切变换实际上是平面图像在投影平面上的非垂直投影效果。镜像变换不改变图像的形状，分为水平镜像、垂直镜像和对角镜像。旋转变换是指以图像的中心为原点，将图像上的所有像素都旋转同一个角度的变换，图像经过旋转变换后，位置发生了改变，旋转后图像的尺寸一般也会改变。仿射变换是一种二维坐标 (x_0, y_0) 到二维坐标 (x, y) 的线性变换，可以通过一系列原子变换的复合实现，包括平移仿射变换、镜像仿射变换、错切仿射变换和旋转仿射变换等。

本章习题

1. 常见的几何变换有哪几种？

2. 在放大一幅图像时，什么情况下会出现马赛克效应？有什么解决方法？

3. 镜像变换包括哪几种情况？各有何特点？

4. 图像旋转会引起图像失真吗？为什么？

5. 设一幅图像为 $f = \begin{bmatrix} 10 & 20 & 30 & 40 \\ 50 & 60 & 70 & 80 \\ 90 & 100 & 110 & 120 \\ 130 & 140 & 150 & 160 \end{bmatrix}$

（1）对其进行水平方向 30° 错切及垂直方向 30° 错切。

（2）对其进行 45° 旋转。

（3）该图像旋转多少度后的结果是图像

$$f = \begin{bmatrix} 0 & 0 & 30 & 40 & 0 \\ 10 & 20 & 0 & 80 & 0 \\ 0 & 50 & 60 & 110 & 160 \\ 0 & 90 & 100 & 140 & 150 \\ 0 & 0 & 130 & 0 & 0 \\ 0 & 0 & 0 & 0 & 0 \end{bmatrix} ?$$

6. 读取一幅灰度图像，用 MATLAB 语言或者自己熟悉的编程语言进行编程，实现以下功能。

（1）对该图像进行镜像、旋转、错切，并根据所得结果分析图像尺寸与旋转、错切角度尺寸对图像旋转、错切处理后效果的影响。

（2）采用仿射变换的公式，使镜像、旋转、错切等可以通过设置参数实现。

知识扩展

三维图像的投影变换

1. 投影与投影变换

在一幅二维图像上显示三维图形的对象形状，实际上完成了一次三维信息二维工面上的投影过程。可以借鉴照相机的成像原理来理解与分析这个投影过程。在拍照时，先将镜头对准所选景物，再按下快门，景物就被记录在二维照片（图像）上了。

在三维空间中选择一个点，称此点为视点（观察点、投影中心），再定义一个平面不经过该视点，此平面称为投影面。从视点向投影面引任意多条射线，这些射线称为投影线。穿过物体的投影线与投影面相交，在投影面上形成物体的像，这个像称为三维物体在二维投影面上的投影。这种将三维空间中的物体变换到二维平面上的过程称为投影变换。视点距离投影面为有限距离时的投影称为透视投影。视点距离投影面无穷远时的投影称为平行投影。由于直线的平面投影本身是一条直线，因此对直线段 AB 做投影变换时，只要对线段的两个端点 A 和 B 做投影变换，连接两个端点在投影面上的投影 A' 和 B'，就可得到整条直线段 AB 的投影 $A'B'$。

2. 平面几何投影

平面几何投影可分为透视投影和平行投影两种。它们的区别在于视点与其投影平面之间的距离不同。例如，室内的白炽灯照射物体所形成的投影是透视投影；而太阳可看作距我们无穷远，太阳光照射形成的投影为平行投影。因为当视点在无穷远时投影线相互平行，所以在定义平行投影时只需指明投影线的方向即投影方向。定义透视投影时，需要指明视点的位置。下面阐述这两种平面几何投影。

透视投影类似于人的视觉系统能产生近大远小的效果，由它产生的图形深度感强，看起来更加真实。然而，这种透视效果并不总是有益的。例如，当需要图形精确反映物体的形状、尺寸时，采用平行投影更好。因为平行投影保持平行线之间的平行关系。

平行投影不具有缩小性，能精确地反映物体的实际尺寸。平行线的平行投影仍是平行线。平行投影根据投影方向与投影面的夹角可分为正投影和斜投影两种。当投影方向与投影面的夹角为 90° 时，得到的投影为正投影，否则为斜投影。

第 **4** 章

空间域图像增强

课时：本章建议 4 课时。

教学目标

1. 了解对比度的概念。
2. 了解线性对比度展宽，掌握线性对比度展宽的方法。
3. 了解非线性对比度展宽，掌握非线性的亮度变换函数——幂次变换。
4. 掌握直方图的画法。
5. 掌握直方图均衡化的概念和实现步骤。
6. 了解直方图规定化的概念和实现步骤。
7. 了解局部增强的实现方法。

教学要求

知识要点	能力要求	相关知识
对比度	了解对比度的概念	对比度
线性对比度展宽	1. 了解线性对比度展宽 2. 掌握线性对比度展宽的方法	线性对比度展宽
非线性对比度展宽	1. 了解非线性对比度展宽 2. 掌握非线性的亮度变换函数——幂次变换	幂次变换
基于灰度直方图的图像增强	1. 掌握直方图的画法 2. 掌握直方图均衡化的概念和实现步骤 3. 了解直方图规定化的概念和实现步骤	直方图、直方图均衡化、直方图规定化
局部增强	了解局部增强的实现方法	局部增强

思维导图

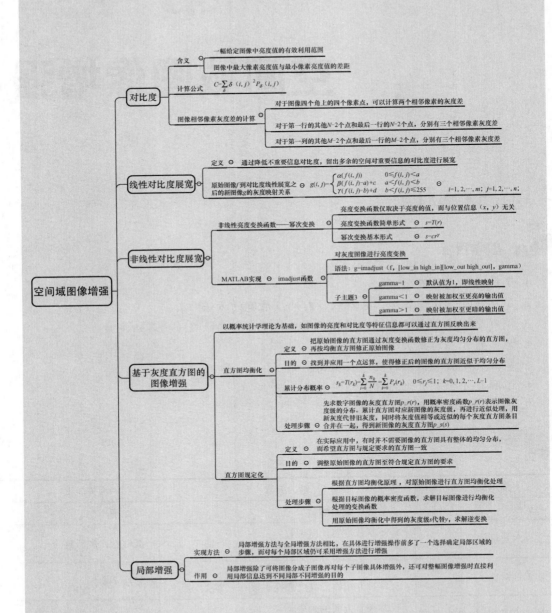

4.1　对比度

理解对比度

对比度可以作为分析图像质量的依据，简单来说，一幅数字图像的对比度是整幅图像亮与暗的对比程度。对比度表示了图像从黑到白的渐变层次。图 4.1 所示的三幅图像是 Windows 7 以上的操作系统自带的对比度调节示意，其中图 4.1（a）所示为低对比度图像，图 4.1（b）所示为对比度适中图像，图 4.1（c）所示为高对比度图像。

（a）低对比度图像

（b）对比度适中图像

（c）高对比度图像

图 4.1　对比度调节示意

可以看出，对比度越大，从黑到白的渐变层次越多，灰度的表现能力越丰富，图像越清晰；反之，对比度越小，画面清晰度越低，层次感就越差。

对比度包含两方面的含义，一方面是指一幅给定图像中亮度值的有效利用范围，另一方面是指图像中最大像素亮度值与最小像素亮度值的差距。一幅全对比度图像有效利用了从黑到白的全部可用强度值范围。利用这个定义，一幅图像的对比度可以从直方图中统计看出。下面通过直方图的统计分布了解图像对比度变化对直方图的影响，如图 4.2 所示。

（a）低对比度图像

（b）高对比度图像

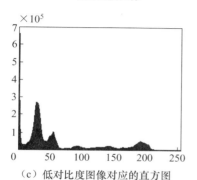
（c）低对比度图像对应的直方图

（d）高对比度图像对应的直方图

图 4.2　图像对比度变化对直方图的影响

图 4.2（a）所示为低对比度图像，从直方图中可以看出直方图条目集中在灰度级低的一侧，也就是说，整幅图像的亮度分布范围较小。图 4.2（b）所示为高对比度图像，直方图的分布范围比较大，灰度级比较丰富，反映在图像上，可以看出图像的明暗对比明显，图像更加清晰，对比度得到了增强。

如何计算对比度呢？因为对比度的英文是 Contrast，所以用 C 表示对比度。

对比度的计算公式如下：

$$C = \sum_{\delta} \delta(i,j)^2 P_{\delta}(i,j) \tag{4.1}$$

式中，$\delta(i,j)$ 为相邻像素的灰度差，$\delta(i,j)=|i-j|$；$P_{\delta}(i,j)$ 为相邻像素灰度差为 δ 的像素分布概率。以四近邻为例，如图 4.3 所示。

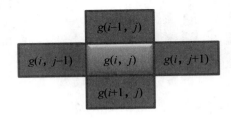

图 4.3　四近邻

一个像素点 $g(i,j)$ 周围相邻像素的灰度差分别为 $g(i,j-1)-g(i,j)$，$g(i-1,j)-g(i,j)$，$g(i,j+1)-g(i,j)$，$g(i+1,j)-g(i,j)$。

对于一幅灰度图像（M 行 N 列），图像相邻像素灰度差的计算分为以下三种情况。

（1）对于图像四个角上的四个像素点，可以分别计算两个相邻像素的灰度差。

（2）对于第一行的其他 $N-2$ 个点和最后一行的 $N-2$ 个点，分别有三个相邻像素灰度差。

（3）对于第一列的其他 $M-2$ 个点和最后一行的 $M-2$ 个点，分别有三个相邻像素灰度差。

从第 2 行第 2 列到倒数第 2 行第 2 列的像素点，分别有四个相邻像素差。所有像素灰度差的出现次数为

$$4\times2+(N-2)\times3\times2+(M-2)\times3\times2+(M-2)(N-2)\times4 \tag{4.2}$$

例 4.1　利用 MATLAB 编程计算对比度。

```
[m,n]=size(I)           ;% 求原始图像的行数 m 和列数 n
g=padarray(I,[1 1],'symmetric','both');     %{ 对原始图像进行扩展
```
只是复制其周边像素，保证了在计算相邻像素差时，对所有像素都可以统一得到周围四个相邻像素点的灰度差，不会影响结果的准确性，且简化了程序 %}
```
[r,c]=size(g);          % 求扩展后图像的行数 r 和列数 c
```

```
g=double(g);          % 把扩展后的图像转换成双精度浮点数
k=0;                  % 定义一个数值 k，其初始值为 0，用于存放灰度差之和
for i=2:r-1
    forj=2:c-1
    k=k+(g(i,j-1)-g(i,j))^2+(g(i-1,j)-g(i,j))^2+(g(i,j+1)-
g(i,j))^2+(g(i+1,j)-g(i,j))^2;
    end
end
cg=k/(4*(m-2)*(n-2)+3*(2*(m-2)+2*(n-2))+4*2);   % 求原始图像对比度
```

程序运行结果如图 4.4 所示。

（a）对比度为4.84　　　　　　　　　（b）对比度为51.44

图 4.4　程序运行结果

4.2　线性对比度展宽

在一些情况下，因为某些客观原因，采集到的图像对比度不够，画面
效果不够好。为了使画面中期望观察的对象易识别，可以采用对比度展宽
的方法调节对比度，以达到改善画面效果的目的。

线性对比度展宽是指通过降低不重要信息的对比度，留出多余的空间
对重要信息的对比度进行展宽。

图 4.5 所示为线性对比度展宽的像素映射关系。假设处理前原始图像
的灰度为 $f(i,j)$，处理后图像的灰度为 $g(i,j)$，设原始图像中的重要目标区
域的灰度分布在 $[a,b]$，对比度展宽的目的是使处理后图像的重要信息部
分的灰度分布在更宽的区域 $[c,d]$。

假设 $\Delta f=(b-a)$ 表示原始图像中重要目标的对比度特性，$\Delta g=(d-c)$ 表示处理后图像
中重要目标的对比度特性，当 $\Delta g>\Delta f$ 时，通过图 4.5 所示的映射后，重要目标区域的
对比度被展宽。

线性对比
度展宽

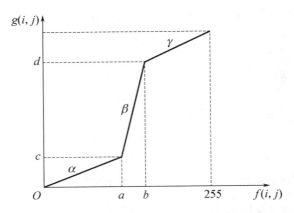

图 4.5　线性对比度展宽的像素映射关系

对比图 4.5 中线性映射关系中的分段直线的斜率，可知第二段斜率 $\beta>1$，说明在映射过程中，对落在灰度区域 $[c,d]$ 内的重要目标对比度的展宽增强。斜率 $\alpha<1, \gamma<1$，表示在映射过程中，对落在灰度区域 $[c,d]$ 以外的非重要目标的对比度进行了抑制。

从原始图像 f 到对比度线性展宽后的新图像 g 的灰度映射关系的计算公式为

$$g(i,j)=\begin{cases} \alpha f(i,j), & 0 \leqslant f(i,j) < a \\ \beta(f(i,j)-a)+c, & a \leqslant f(i,j) < b \\ \gamma(f(i,j)-b)+d, & b \leqslant f(i,j) \leqslant 255 \end{cases} \tag{4.3}$$

$$i=1,2,\ldots,m; j=1,2,\ldots,n$$

其中，图像尺寸为 $m \times n, \alpha=\dfrac{a}{c}, \beta=\dfrac{d-c}{b-a}, \gamma=\dfrac{255-d}{255-b}$。

例 4.2　在 MATLAB 环境中，编程实现线性对比度展宽。

假设原始图像 f，选择其重点目标区域灰度分布 $[a,b]=[30,150]$，为了编程时使用变量方便，设变量 $f_a=30$，$f_b=150$，增强后该区域的灰度分布 $[c,d]=[20,200]$，即 $f_c=20$，$f_d=200$。线性对比度展宽的具体代码如下。

```
f=imread('two.tif');
fa=30;
fb=150;
ga=20;
gb=200;
a=ga/gb;                    % 第一段斜率
b=(gb-ga)/(fb-fa);          % 第二段斜率
c=(255-gb)/(255-ga);        % 第三段斜率
[m,n]=size(f);              % 获取图像的尺寸，m 表示高度，n 表示宽度
for i=1:m
```

```
    for  j=1:n   %通过两个 for 循环逐个遍历图像上的点，判断该点的亮度
                 所在区间
        if(f(i,j)<fa)
            G(i,j)=a*f(i,j);    % 对应第一段映射关系
        else if  ((f(i,j)>fa)&&(f(i,j)<fb))
            G(i,j)=ga+b*(f(i,j)-fa);    % 对应第二段映射关系
            else
            G(i,j)=c*(f(i,j)-fb)+gb;    % 对应第三段映射关系
            end
        end
    end
end
subplot(121);imshow(f);title(' 原始图像 ');
subplot(122);imshow(G);title(' 线性对比度展宽图像 ');
```

程序运行结果如图 4.6 所示。

原始图像　　　　　　　　　　　　线性对比度展宽图像

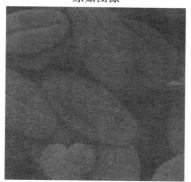 

图 4.6　程序运行结果

　　线性对比度展宽实际上是将映射关系切分为不同斜率的线段表示，存在一些特例，比如有些灰度细节不被增强也不被抑制，而是直接去掉，这些特例可以称为灰度切分。灰度切分指的是增强图像中的某个灰度带，其他灰度细节去掉或保持不变，以突出某个灰度值范围，提取图像中的特定细节，在医学图像处理中应用比较广泛。

　　图 4.7 所示是灰度切分的灰度映射关系。图 4.7（a）中，斜率 α=0，γ=0，将指定灰度级范围的信息拉伸至全黑到全白的区间显示；图 4.7（b）只保留感兴趣的部分，其余部分置零。可以参考线性灰度级展宽的 MATLAB 实例，编程实现这两个实例的增强效果；还可以运用学习算法编写彩色图像线性对比度展宽的代码。

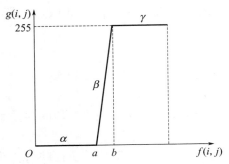
（a）灰级窗：只显示指定灰度级范围内的信息

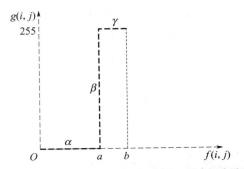
（b）灰级窗切片：只保留感兴趣的部分，其余部分置零

图 4.7　灰度切分的灰度映射关系

4.3　非线性对比度展宽

非线性灰度变换

在 4.2 节学习了利用分段的线性亮度变换函数增强重要信息对比度的方法，下面引入非线性亮度变换函数——幂次变换。由于亮度变换函数仅取决于亮度值，而与位置信息 (x,y) 无关，因此亮度变换函数通常可以表示为如下简单形式：

$$s=T(r) \tag{4.4}$$

式中，r 表示图像 f 中相应点 (x,y) 的亮度；s 表示图像 g 中相应点 (x,y) 的亮度。

幂次变换的基本形式为

$$s=cr^{\gamma} \tag{4.5}$$

式中，c 和 γ 是正常数。当 c 固定时，随着 γ 值的变化可以得到一组变换曲线。当 $\gamma<1$ 时，可以把输入图像灰度级范围窄的较暗部分映射到宽带输出；当 $\gamma>1$ 时，可以把输入图像灰度级范围窄的较亮部分映射到宽带输出，如图 4.8 所示。

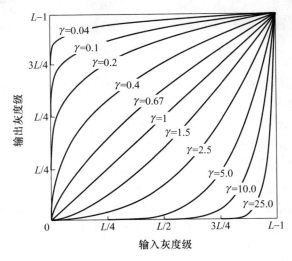

图 4.8　不同 γ 值亮度变换函数曲线（$c=1$）

幂次变换一般用于对比度操作中，以增强对比度。

例 4.3　用幂次变换增强对比度。

图 4.9 所示为人体胸上部脊椎骨折和椎线受影响的核磁共振图像。在胸椎垂直中心附近，即图中上部的 1/4 处，骨折显而易见，由于图像整体偏暗，因此可以使用指数为分数的幂次变换扩大灰度。对图 4.6（a）进行 γ 分别为 0.6、0.4 和 0.3 的幂次变换，得到三幅新图像，如图 4.9（b）至图 4.9（d）所示。当 γ 取值从 0.6 减小到 0.4 时，可以看见更多细节；当 γ 进一步减小至 0.3 时，背景中的细节进一步增强，但是前景与背景的对比度减小。比较所有结果，可以看到，对比度和可以辨别细节的最佳增强效果出现在 $\gamma=0.4$ 时。当 γ 略小于 0.3 时，对比度会减小到难以接受的程度。

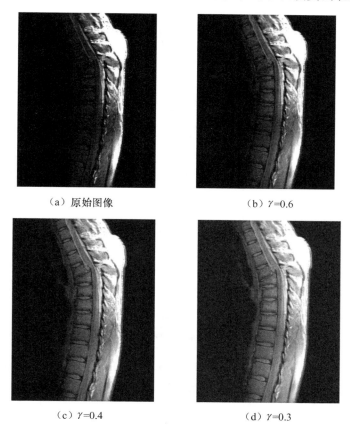

（a）原始图像　　　　　　　　　　　（b）$\gamma=0.6$

（c）$\gamma=0.4$　　　　　　　　　　　（d）$\gamma=0.3$

图 4.9　人体胸上部脊椎骨折和椎线受影响的核磁共振图像

在 MATLAB 图像处理工具箱中，imadjust 函数用来对灰度图像进行亮度变换。imadjust 函数的语法为

```
g=imadjust(f,[low_in high_in] [low_out high_out],gamma)
```

该函数将原始图像 f 中的亮度值映射到新图像 g 中的新值。gamma 的默认值为 1，即线性映射，如图 4.10（a）所示。当 gamma<1 时，映射关系如图 4.10（b）所示，映射被加

权至更亮的输出值。当 gamma>1 时，映射关系如图 4.10（c）所示，映射被加权至更暗的输出值。

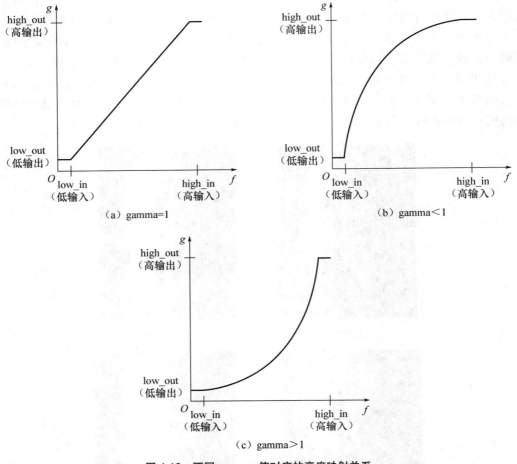

图 4.10　不同 gamma 值对应的亮度映射关系

函数中间两个参数的含义是将 low_in 至 high_in 的值映射到 low_out 至 high_out 的值。low_in 以下的值全部映射到 low_out，high_in 以上的值全部映射到 high_out，如图 4.11 所示，所有输入值、输出值均为 0 ～ 1。如果 f 是 uint8 类函数，则 imadjust 函数的输出实际上是归一化的亮度输出乘以 255 得到的值。

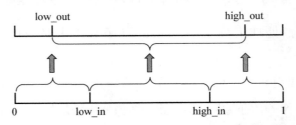

图 4.11　[low_in high_in] [low_out high_out] 参数的含义

在 MATLAB 图像处理工具箱中，imadjust 函数用于对图像进行灰度变换（调节灰度图像的亮度或彩色图像的颜色矩阵）。

图 4.12（a）所示为数字乳房 X 射线图像 f，它显示了一处疾患。使用命令

```
>>g1=imadjust(f,[0 1],[1 0]);
```

可以得到明暗反转的图像。明暗反转用于增强大片黑色区域中的白色或灰色细节。例如，图 4.12（b）所示图像可以非常容易地分析乳房组织。

执行命令

```
>>g2=imadjust(f,[0.5 0.75],[0 1]);
```

可以得到图 4.12（c）所示的结果。该命令将 0.5 ～ 0.75 的灰度级扩展到 [0,1]，可以突出感兴趣的亮度带。

执行命令

```
>>g3=imadjust(f,[ ],[ ],2);
```

可以得到图 4.12（d）所示的结果。该命令中的第二个参数和第三个参数使用空矩阵，表示使用默认值 [0 1]。该命令明显压缩灰度级的低端并扩展灰度级的高端。

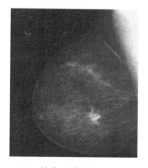
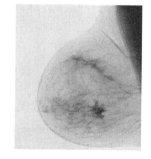

（a）数字乳房X射线图像   （b）用于分析乳房组织的图

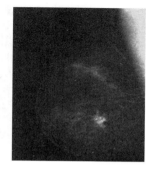

（c）将0.5～0.75的灰   （d）第二个参数和第三个参
度级扩展到[0,1]   数使用空矩阵的图像

图 4.12 数字乳房 X 射线图像的处理

幂次变换公式中的指数是指伽马值，修正幂次响应现象的过程称为伽马校正。实际上，用于获取、打印和显示图像的各种装置是根据幂次规律产生响应的。也就是说，获取、打印和显示出的图像的像素值与实际上照相机传感单元的感光量、打印机中上色及颗粒沉积的数目、监视其发射的光线量等都是幂次响应。单个设备的实际伽马值往往由制造厂商基于实际测量给定。例如，CRT(阴极射线管)显示器的实际伽马值为 $1.8 \sim 2.8$，其中 2.4 是常用值。大部分 LCD(液晶显示器)可以固定调整到相似的值。数码摄像机和数码照相机可以通过内部校正得到比较容易接受的视觉效果，从而模仿模拟胶片和摄像机的变化特性。

要在不同的计算机显示器上精确显示一幅数字图像，就要用到伽马校正，不恰当的图像修正会得到被漂白或者更暗的图像。要想精确再现颜色，就需要利用伽马校正的知识，因为改变伽马值不仅可以改变图像的亮度，而且可以改变图像中红色、绿色、蓝色的比例。

4.4　基于灰度直方图的图像增强

基于灰度直方图的图像增强是第二种灰度变换方法，是以概率统计学理论为基础的，如图像的亮度和对比度等特征信息都可以通过直方图反映出来。直方图是统计图像每个灰度值出现的频率的一种直观表示方法。

由于直方图从整体上描述了一幅图像的概貌特征，因此，可以通过修改直方图来调整一幅图像的灰度分布，常用方法有直方图均衡化和直方图规定化等。

4.4.1　直方图均衡化

图 4.13 所示是在电子显微镜下放大近 700 倍的花粉图像。

直方图
均衡化

图 4.13　在电子显微镜下放大近 700 倍的花粉图像

可以看出，图像整体比较暗，而且动态范围较窄，对比度不强。下面学习提高对比度的一种方法——直方图均衡化。

图 4.14 所示为花粉图像的灰度直方图。直方图表示数字图像中每个灰度级与其出现频数的关系，其中横坐标表示灰度级，纵坐标表示频数。花粉图像较暗的特点与直方图分布特点一致，直方图偏向于灰度级较低的暗端。由于直方图的"宽度"相对于整个灰度范围来说非常小，因此其较窄的动态范围较明显。

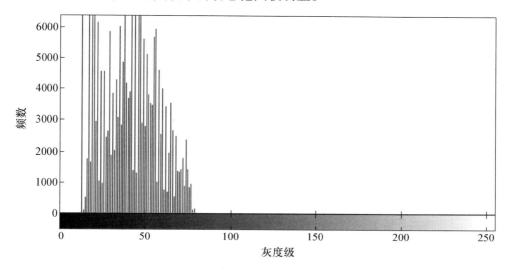

图 4.14　花粉图像的灰度直方图

观察图 4.15（a）所示的花粉图像，其亮度和对比度的增强十分明显。从图 4.15（b）可以看出，直方图在整个亮度范围内扩展显著，灰度级平均值明显高于图 4.14 所示的灰度直方图。

（a）花粉图像

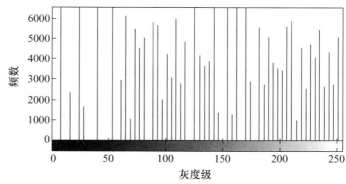

（b）灰度直方图

图 4.15　花粉图像及其灰度直方图

我们想到一种方法，基于直方图的灰度变换，图 4.15 中的均匀分布处理能够增强图像对比度，这种方法称为直方图均衡化。直方图均衡化是通过灰度变换函数把原始图像的直方图修正为灰度均匀分布的直方图，再按均衡直方图修正原始图像。其中变换函数取决于原始图像的累积分布函数。概括地说，就是对一幅已知灰度概率分布的图像进行

变换，成为一幅具有均匀概率分布的新图像。当图像的直方图均匀分布时，图像的信息熵最大，此时图像包含的信息量最大，图像看起来更清晰。

直方图均衡化的目的是找到并应用一个点运算，使得修正后的直方图近似于均匀分布。也就是说，在理想情况下，应用点运算将图 4.16（a）演变成图 4.16（b）。由于直方图是离散分布的，均匀点运算只能移动和合并直方图条目，不能分裂直方图条目，只能在整体上得到一个近似的解，特别是直方图中的单个峰值无法消除或减少，因此无法实现精确的均匀分布。点运算只能使修正后图像的直方图在某种程度上近似均匀，关键是近似程度如何，运用哪种点运算（主要取决于图像内容）可以取得这种效果。

通过观察，可以得出以下结论：一幅图像的累计直方图呈不规律的斜坡形状，如图 4.13（c）所示，而均匀分布图像的累计直方图呈线性斜坡形状，如图 4.16（d）所示。

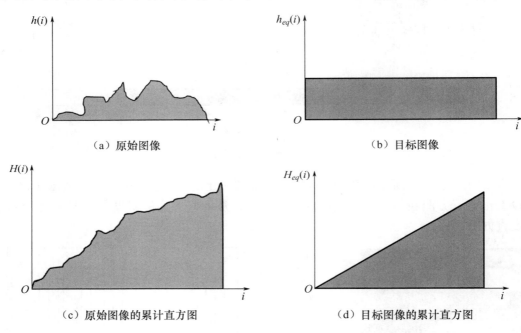

（a）原始图像　　　　　　　　　　　　　　（b）目标图像

（c）原始图像的累计直方图　　　　　　　　（d）目标图像的累计直方图

图 4.16　累计直方图

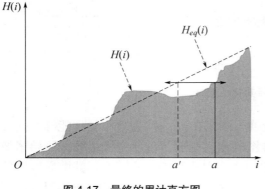

图 4.17　最终的累计直方图

可以把目标重新表述为找到一个点运算，变换直方图条目，使得最终的累计直方图近似为线性的；或者利用适当的点运算把每个累计直方图条目从原始位置 a 移到 a'，使得最终的累计直方图近似为线性的，如图 4.17 所示。

假设 N 为一幅图像的总像素数，L 为灰度级数，n_k 为第 k 级灰度的像素数，r_k 为原图像的第 k 个灰度级，s_k 为新图像的第 k 个灰度级，所求的点运算可以从原始图像的累计直方图 H 中求得：

$$s_k = T(r_k) = \sum_{i=0}^{k} \frac{n_k}{N} = \sum_{i=0}^{k} P_r(r_k) \quad 0 \leqslant r_k \leqslant 1; k = 0, 1, 2, \cdots, L-1 \tag{4.6}$$

s_k 计算的是累计分布概率，进行近似处理后对应新图像的灰度级。也就是说，第 k 级灰度的累积分布概率对应新图像第 k 级的灰度级。

直方图均衡化的步骤如下：首先求数字图像的灰度直方图 $P_r(r)$，用概率密度函数 $P_r(r)$ 表示图像灰度级的分布。为了利于数字图像处理，引入离散形式。在离散形式下，用 r_k 代表离散灰度级，用 $P_r(r_k)$ 代表 $P_r(r)$，并且下式成立：

$$P_r(r_k) = \frac{n_k}{N} \quad (0 \leqslant r_k \leqslant 1; k = 0, 1, 2, \cdots, L-1) \tag{4.7}$$

式中，n_k 为图像中出现 r_k 灰度的像素数；N 为图像中的像素数，n_k/N 为概率论中的频数。直方图均衡化的函数表达式为

$$s_k = T(r_k) = \sum_{i=0}^{k} \frac{n_k}{N} \tag{4.8}$$

累计直方图对应新图像的灰度级，进行近似处理后，用新灰度代替旧灰度，同时将灰度值相等或近似的灰度直方图条目合并在一起，得到新图像的灰度直方图。

例 4.4　实现直方图均衡化的过程，并得到直方图均衡化的结果。

已知一幅总像素为 $N = 64 \times 64$ 的 8bit 数字图像，即灰度级数为 8，对该图像进行直方图均衡化，并画出修正前后的直方图。

原始图像灰度级 $r_k = 0 \sim 7$，灰度级像素数 n_k 和分布概率 $P_r(r_k)$ 见表 4.1。

表 4.1　灰度级像素数 n_k 和分布概率 $P_r(r_k)$

原始图像灰度级 r_k	灰度级像素数 n_k	分布概率 $P_r(r_k)$
$r_0 = 0$	790	0.19
$r_1 = 1$	1023	0.25
$r_2 = 2$	850	0.21
$r_3 = 3$	656	0.16
$r_4 = 4$	329	0.08
$r_5 = 5$	245	0.06
$r_6 = 6$	122	0.03
$r_7 = 7$	81	0.02

根据这些已知条件计算累积分布函数 s_k，即计算在该灰度级之前（包含该灰度级）所有百分比之和，公式如下：

$$s_k = T(r_k) = \sum_{i=0}^{k} \frac{n_k}{N}$$

计算结果见表 4.2，得到归一化的累计概率密度，可以对 s_k 取整扩展，得到 1、3、5、6、6、7、7、7 的灰度级，从而确定 $r_k \rightarrow s_k$ 的映射关系。0 级映射到 1 级，1 级映射到 3 级，2 级映射到 5 级，3 级和 4 级映射到 6 级，5 级、6 级、7 级映射到 7 级，从而得到新图像各灰度级像素数和新图像分布概率。根据计算结果，可以画出原始图像和新图像的直方图，如图 4.18 所示。

表 4.2　计算结果

原始图像灰度级 r_k	原始图像各灰度级像素数 n_k	原始图像分布概率 $P_r(r_k)$	累积分布函数 s_k	取整扩展 s_k	确定映射关系 $r_k \rightarrow s_k$	新图像灰度级 s_k	新图像各灰度级像素数 n_{sk}	新图像分布概率 $P_s(s_k)$
$r_0=0$	790	0.19	0.19	1	$0 \rightarrow 1$	1	790	0.19
$r_1=1$	1023	0.25	0.44	3	$1 \rightarrow 3$	3	1023	0.25
$r_2=2$	850	0.21	0.65	5	$2 \rightarrow 5$	5	850	0.21
$r_3=3$	656	0.16	0.81	6	$3 \rightarrow 6$	6	985	0.24
$r_4=4$	329	0.08	0.89	6	$4 \rightarrow 6$			
$r_5=5$	245	0.06	0.95	7	$5 \rightarrow 7$	7	448	0.11
$r_6=6$	122	0.03	0.98	7	$6 \rightarrow 7$			
$r_7=7$	81	0.02	1.00	7	$7 \rightarrow 7$			

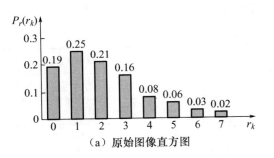

（a）原始图像直方图

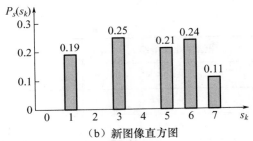

（b）新图像直方图

图 4.18　直方图

在 MATLAB 环境中，用图像处理工具箱中的 histeq 函数实现直方图均衡化。histeq 函数的语法为

```
g=histeq(f,nlev)
```

其中，f 是输入图像；nlev 是为输出图像指定的灰度级数，如果 nlev=L（输入图像中可能的灰度级总数），那么 histeq 直接执行变换函数 $s_k = T(r_k)$，如果 nlev<L，那么 histeq 划分灰度级，得到较平坦的直方图，默认 nlev=64，一般取 nlev=256。

例 4.5　利用 histeq 函数对灰度图像进行直方图均衡化。

```
f=imread('lena.jpg');          % 读取图像
G=histeq(f);                   % 进行直方图均衡化
subplot(221);imshow(f);
title(' 原始图像 ');
subplot(222);imshow(G);
title(' 图像均衡化 ');
subplot(223);imhist(f,256);
title(' 原始图像的直方图 ');
subplot(224);imhist(G,256);
title(' 图像均衡化的直方图 ');
```

程序运行结果如图 4.19 所示。

原始图像

图像均衡化

原始图像的直方图

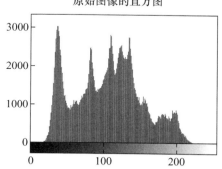

图像均衡化的直方图

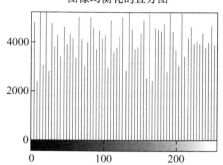

图 4.19　程序运行结果

可以看出，图像均衡化的直方图的平均亮度和对比度的增强比较明显。

4.4.2　直方图规定化

在理想情况下，直方图均衡化实现了图像灰度的均衡分布，对提高图像对比度和亮度有明显作用。在实际应用中，有时不需要图像具有整体的均匀分布的直方图，而希望

与规定的直方图一致，这就是直方图规定化。它可以人为地改变原始图像直方图的形状，使其成为某个特定的形状，即增强特定灰度级分布范围内的图像。

直方图规定化的目的是调整原始图像的直方图，使之符合某个规定直方图的要求。设 $P_r(r)$ 和 $P_z(z)$ 分别表示原始图像和目标图像的灰度分布概率密度函数，根据直方图规定化的特点与要求，应使原始图像的直方图具有 $P_z(z)$ 所表示的形状。因此，建立 $P_r(r)$ 与 $P_z(z)$ 的关系是直方图规定化必须解决的问题。

根据直方图均衡化理论，先对原始图像进行直方图均衡化，即求变换函数

$$s = T(r) = \int_0^r P_r(x)\mathrm{d}x \qquad (4.9)$$

假设直方图规定化的目标图像已经实现，则采用相同方法对目标图像进行均衡化，有

$$v = G(z) = \int_0^z P_z(x)\mathrm{d}x \qquad (4.10)$$

式（4.10）的逆变换为

$$z = G^{-1}(v) \qquad (4.11)$$

式（4.11）表明，可通过均衡化后的灰度级 v 求出目标图像的灰度级 z。由于对目标图像和原始图像都进行了均衡化处理，因此它们的分布密度相等，即

$$P_s(s) = P_v(v) \qquad (4.12)$$

可以用原始图像均衡化后的灰度级 s 代替 v，即

$$z = G^{-1}(v) = G^{-1}(s) \qquad (4.13)$$

根据原始图像均衡化后的图像的灰度值，可以得到目标图像的灰度级 z。

根据上述理论推导，可以得出直方图规定化的一般步骤。

（1）根据直方图均衡化原理，对原始图像进行直方图均衡化。

（2）按照目标图像的概率密度函数 $P_z(z)$，求解目标图像均衡化的变换函数 $G(z)$。

（3）用原始图像均衡化后的灰度级 s 代替 v，求解逆变换 $z=G^{-1}(s)$。

经过上述处理得到的目标图像的灰度级具有事先规定的概率密度 $P_z(z)$。上述变换过程中包含的两个变换函数 $T(r)$ 和 $G^{-1}(s)$ 可形成复合函数，可表示为

$$z = G^{-1}(s) = G^{-1}[T(r)] \qquad (4.14)$$

由此可知，无须进行直方图均衡化就可以直接实现直方图规定化，复合函数关系有效简化了直方图规定化的处理过程，求出 $T(r)$ 与 $G^{-1}(s)$ 的复合函数关系就可以直接对原始图像进行变换。

例 4.6　为便于与直方图均衡化进行对比，仍采用与前述直方图均衡化相同的 64×64 灰度图像数据，见表 4.3，共有 8 个灰度级，按表中给定的数据对原始图像进行直方图规定化。

表 4.3　64 × 64 灰度图像数据

原始图像灰度级 z_k	原始图像分布概率 $P_z(z_k)$
$z_0=0$	0.00
$z_1=1$	0.00
$z_2=2$	0.00
$z_3=3$	0.15
$z_4=4$	0.20
$z_5=5$	0.30
$z_6=6$	0.20
$z_7=7$	0.15

图 4.20（a）所示为原始图像直方图，对其进行直方图规定化，过程如下。

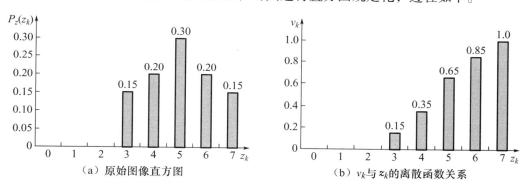

（a）原始图像直方图　　　　（b）v_k 与 z_k 的离散函数关系

图 4.20　原始图像直方图与 v_k 和 z_k 的离散函数关系

（1）原始图像直方图均衡化。

要进行直方图规定化，需先对原始图像进行直方图均衡化，由于与例 4.4 的数据相同，因此可以直接利用直方图均衡化的结果。

（2）求变换函数。

根据离散数字图像概率密度变换函数的公式计算变换函数，即

$$v_k = G(z_k) = \sum_{j=0}^{k} P_z(z_j)$$

由此可得

$$v_0 = G(z_0) = \sum_{j=0}^{0} P_z(z_j) = P_z(z_0) = 0.00$$

$$v_1 = G(z_1) = \sum_{j=0}^{1} P_z(z_j) = P_z(z_0) + P_z(z_1) = 0.00$$

$$v_2 = G(z_2) = \sum_{j=0}^{2} P_z(z_j) = P_z(z_0) + P_z(z_1) + P_z(z_2) = 0.00$$

$$v_3 = G(z_3) = \sum_{j=0}^{3} P_z(z_j) = P_z(z_0) + P_z(z_1) + P_z(z_2) + P_z(z_3) = 0.15$$

同理，分别求出

$$v_4 = G(z_4) = \sum_{j=0}^{4} P_z(z_j) = 0.35$$

$$v_5 = G(z_5) = \sum_{j=0}^{5} P_z(z_j) = 0.65$$

$$v_6 = G(z_6) = \sum_{j=0}^{6} P_z(z_j) = 0.85$$

$$v_7 = G(z_7) = \sum_{j=0}^{7} P_z(z_j) = 1.00$$

以上数据表明了 v_k 与 z_k 的变换关系，可得出 v_k 与 z_k 的离散函数关系，如图 4.20（b）所示。实际上，这些数据也反应了 v_k 与 z_k 的逆变换关系，为用 s_k 代替 v_k 奠定了基础。

（3）求 $z_k = G^{-1}(s_k)$。

用 s_k 代替 v_k，进行 $z_k = G^{-1}(v_k) = G^{-1}(s_k)$ 的逆变换运算，求出最终的灰度级 z_k。在离散情况下，逆变换需进行近似处理。例如，最接近 $s_0 = \frac{1}{7} \approx 0.14$ 的是 v_3，因此可用 s_0 代替 v_3，进行逆变换 $G^{-1}(s_0) = z_3$，即将 s_0 映射到灰度级 z_3，得到表 4.4 所示的 s_k 与 z_k 的映射关系。

表 4.4 s_k 与 z_k 的映射关系

s_k	z_k
$s_0 = 1/7$	$z_3 = 3/7$
$s_1 = 3/7$	$z_4 = 4/7$
$s_2 = 5/7$	$z_5 = 5/7$
$s_3 = 6/7$	$z_6 = 6/7$
$s_4 = 1$	$z_7 = 1$

（4）求 r_k 与 s_k 的映射关系。

查看例 4.4 中的关系，得到 r_k 与 z_k 的映射关系，见表 4.4。

表 4.5　r_k 与 z_k 的映射关系

r_k	z_k
$r_0=0$	$z_3=3/7$
$r_1=1/7$	$z_4=4/7$
$r_2=2/7$	$z_5=5/7$
$r_3=3/7$	$z_6=6/7$
$r_4=4/7$	$z_6=6/7$
$r_5=5/7$	$z_7=1$
$r_6=6/7$	$z_7=1$
$r_7=1$	$z_7=1$

（5）绘制规定化后的直方图。

根据表 4.4 和表 4.5 所示的映射关系，重新计算各灰度级的像素点数，计算结果见表 4.6，完成对原始图像直方图规定化处理。

表 4.6　计算结果

r_k	n_k	$P_z(z_k)$
$z_0=0$	0	0.00
$z_1=1$	0	0.00
$z_2=2$	0	0.00
$z_3=3$	790	0.19
$z_4=4$	1023	0.25
$z_5=5$	850	0.21
$z_6=6$	985	0.24
$z_7=7$	448	0.11

规定化后的直方图如图 4.21 所示。

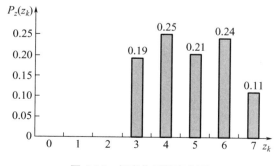

图 4.21　规定化后的直方图

从本例的实际运算结果可知，与直方图均衡化的情况类似，直方图规定化的运算结果与规定直方图存在一定的差异，因为从连续到离散的转换引入了离散误差，而且这种误差与原始图像灰度级数有关，通常情况下，灰度级越少，误差越大。尽管存在误差，但是直方图规定化对图像亮度和对比度的提高依然明显。

4.5 局部增强

前面介绍的增强方法一般是对整幅图像增强，而且在确定变换函数或转移函数时基于整个图像的统计量。在实际应用中，常需要对图像某些局部区域的细节增强，这些局部区域内的像素数与整幅图像的像素数相比往往较小，在计算整幅图像的变换函数或转移函数时常可忽略，而从整幅图像得到的变换函数或转移函数并不能保证在这些局部区域得到所需的增强效果。

为解决这类问题，需要根据局部区域的特性计算变换函数或转移函数，并将这些函数用于局部区域，以得到所需的增强效果。由此可见，局部增强 (Local Enhancement)与全局增强相比，在进行具体增强操作前多了一个确定局部区域的步骤，而对每个局部区域仍可采用前面介绍的增强方法。

局部增强除了可将图像分成子图像再对每个子图像具体增强外，对整幅图像增强时还可以直接利用局部信息达到不同局部不同增强效果的目的，常用方法是利用每个像素的邻域内的像素均值和方差两个特性，均值是指一个平均亮度的测度，方差是指一个反差的测度。

前面讲解的直方图处理技术很容易适应局部增强，定义一个方形或矩形邻域，并把该区域的中心从一个像素移至另一个像素，在每个位置的邻域中，都要计算该点的直方图，并且得到的不是直方图均衡化就是直方图规定化的变换函数，用来映射邻域中心像素的灰度。相邻区域的中心移至相邻像素位置，并重复这个过程。当对某区域进行逐像素转移时，由于只有邻域中新的一行或一列改变，因此可在每步移动中，以新数据更新前一个位置获得的直方图。这种方法与邻域每移动一个像素就对基于所有像素的直方图进行计算相比，有明显优势。可以使用非重叠区域减小计算量，但是通常会出现"棋盘"效果。

例 4.7 局部直方图增强。

图 4.22（a）所示为一幅为减小噪声而轻度模糊的图像。图 4.22（b）所示为全局均衡化的结果（用于平滑噪声区域），对比度稍微提高，噪声就会明显增大，这种方法没有带来新的结构性细节。图 4.22（c）所示为对每个像素用 7×7 邻域局部均衡化的结果，可在大的暗方形中显示小方形。大方形和小方形的灰度很接近，但是小方形的尺寸太小，对全局直方图均衡化的影响不大。还应注意到图 4.22（c）中有细的噪声纹理，这是在小邻域使用局部处理的结果。

（a）原始图像

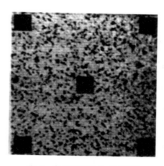
（b）全局均衡化的结果

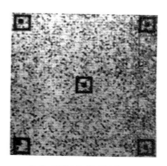
（c）对每个像素用7×7
邻域局部均衡化的结果

图 4.22　局部直方图增强

本章小结

本章介绍了空间域图像增强。对比度可以作为分析图像质量的依据，简单来说，一幅图像的对比度是整幅图像亮与暗的对比程度。对比度表示了图像从黑到白的渐变层次。对比度包含两方面的含义，一方面是指一幅给定图像中亮度值的有效利用范围，另一方面是指图像中最大像素亮度值与最小像素亮度值的差距。为了使画面中期望观察的对象便于识别，可以采用对比度展宽的方法调节对比度。线性对比度展宽处理实际上是通过降低不重要信息的对比度，留出多余空间对重要信息的对比度进行展宽。非线性的亮度变换函数——幂次变换仅取决于亮度的值，而与位置信息 (x,y) 无关。直方图表示数字图像中每个灰度级与其出现频数的统计关系，其中横坐标表示灰度级，纵坐标表示频数。直方图均衡化能够使图像对比度增强，目的是找到并应用一个点运算，使得修正后的图像的直方图近似于均匀分布。在 MATLAB 环境中，直方图均衡化由图像处理工具箱中的 histeq 函数实现。在实际应用中，有时并不需要图像具有整体的均匀分布的直方图，而希望直方图与规定要求的直方图一致，这就是直方图规定化。直方图规定化的目的是调整原始图像的直方图，使之符合某个规定直方图的要求。局部增强方法与全局增强方法相比，在进行具体增强操作前多了一个确定局部区域的步骤，而对每个局部区域仍可采用前面介绍的增强方法。局部增强除了可将图像分成子图像再对每个子图像具体增强外，对整幅图像增强时还可以直接利用局部信息以达到不同局部不同增强效果的目的。

本章习题

1. 图像增强的目的是什么？

2. 已知图像为 $f = \begin{bmatrix} 1 & 5 & 255 & 225 & 100 & 200 & 255 & 200 \\ 1 & 7 & 254 & 255 & 10 & 10 & 10 & 9 \\ 3 & 7 & 10 & 100 & 2 & 9 & 9 & 6 \\ 3 & 6 & 10 & 10 & 2 & 8 & 8 & 2 \\ 2 & 1 & 8 & 8 & 3 & 4 & 4 & 2 \\ 1 & 0 & 7 & 8 & 3 & 2 & 2 & 1 \\ 1 & 1 & 8 & 8 & 2 & 2 & 2 & 1 \\ 2 & 3 & 9 & 8 & 2 & 2 & 2 & 0 \end{bmatrix}$，计算它的对比度，并进

行以下处理。

（1）进行线性对比度展宽，要求展宽后的对比度大于原图像的对比度。

（2）进行非线性动态范围调整，并计算调整后图像的对比度。

（3）进行直方图均衡化处理，并计算调整后图像的对比度。

（4）比较以上三种方法对原始图像的处理效果。

3. 基于直方图修改的图像增强技术的基本原理是什么？

4. 通常情况下，直方图均衡化可以产生完全均匀分布的直方图吗？为什么？

5. 已知一幅 64×64 的图像，灰度级有 8 个，各灰度级出现的频率见表 4.7，用直方图均衡化方法对该图像进行增强处理。

表 4.7　各灰度级出现的频率

r_k	0	1	2	3	4	5	6	7
n_k	750	982	568	515	215	647	273	136
$P_r(r_k)$	0.18	0.24	0.14	0.13	0.05	0.16	0.07	0.03

6. 什么是直方图规定化？

7. 简述直方图规定化的一般步骤。

知识扩展

Retinex 图像增强

Retinex（视网膜 Retina 和大脑皮层 Cortex 的缩写）是一种常用的建立在科学实验和科学分析基础上的图像增强方法，它是 Edwin.H.Land 于 1963 年提出的关于人类视觉系统（Human Visual System）调节感知物体颜色和亮度的模型。

Retinex 的基础理论是物体的颜色由物体对长波（红色）、中波（绿色）、短波（蓝色）光线的反射能力决定，而不由反射光强度的绝对值决定，物体的色彩不受光照非均匀性的影响，具有一致性，即 Retinex 是以色感一致性（颜色恒常性）为基础的。与传统的线性的、非线性的只能增强图像某类特征的方法不同，Retinex 可以在动态范围压缩、边缘增强和颜色恒常三个方面达到平衡，从而对不同类型的图像进行自适应增强。

多年来，研究人员模仿人类视觉系统发展了 Retinex 算法，从单尺度 Retinex 算法发展到多尺度加权平均的 MSR 算法，再发展到彩色恢复多尺度的 MSRCR 算法。

第5章

图像卷积及空域滤波

课时：本章建议4课时。

教学目标

1. 掌握均值滤波的原理和实现方法，以及算术均值滤波、几何均值滤波、谐波均值滤波和逆谐波均值滤波的原理。

2. 掌握中值滤波的设计思想和数学定义。

3. 掌握均值滤波和中值滤波的实现。

4. 掌握卷积和相关的概念，以及卷积的基本操作。

教学要求

知识要点	能力要求	相关知识
均值滤波及其MATLAB实现	1. 掌握均值滤波的原理和实现方法 2. 掌握算术均值滤波、几何均值滤波、谐波均值滤波和逆谐波均值滤波的原理 3. 掌握均值滤波的MATLAB实现	邻域平均法、算术均值滤波、几何均值滤波、谐波均值滤波、逆谐波均值滤波
中值滤波及其MATLAB实现	1. 掌握中值滤波的设计思想和数学定义 2. 掌握中值滤波的MATLAB实现	中值滤波
图像卷积及其滤波	1. 掌握卷积和相关的概念 2. 掌握卷积的基本操作	卷积

思维导图

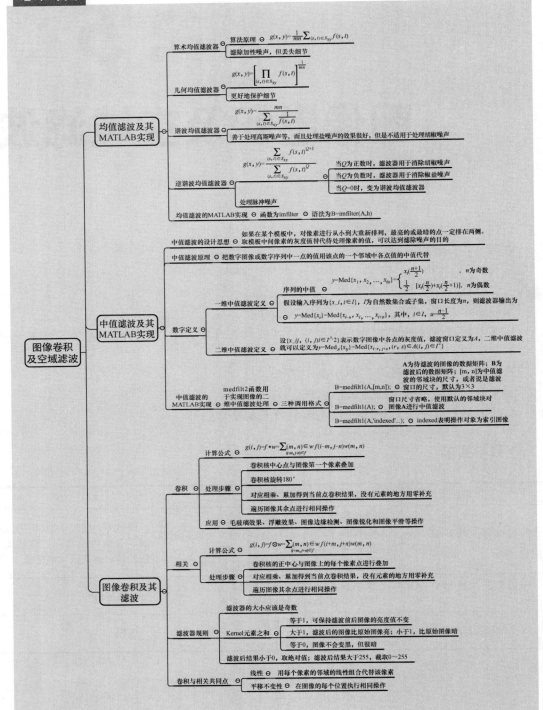

5.1　均值滤波及其 MATLAB 实现

均值滤波是典型的线性滤波算法，主要采用邻域平均法。线性滤波的基本原理是用均值代替原始图像中的各像素值。也就是说，为待处理的当前像素点 $f(x,y)$ 选择一个模板，该模板由其邻近的若干像素组成，求模板中所有像素的均值，再把该均值赋给当前像素点，作为处理后图像在该点的灰度值 $g(x,y)$，如图 5.1 所示。

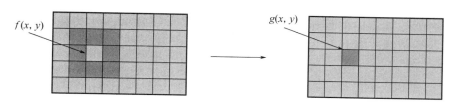

图 5.1　线性滤波的基本原理

均值滤波主要有算术均值滤波、几何均值滤波、谐波均值滤波及逆谐波均值滤波，本节主要讲解算术均值滤波、几何均值滤和逆谐波均值滤波。算术均值滤波能够有效滤除图像中的加性噪声，但其本身存在固有的缺陷，不能很好地保护图像细节，在去噪的同时破坏了图像的细节，从而使图像变得模糊。几何均值滤波达到的平滑度可以与算术均值滤波媲美，在滤波过程中丢失的图像细节更少。逆谐波均值滤波更适合处理脉冲噪声，但它必须知道是暗噪声还是亮噪声，以便选择合适的滤波器的阶数符号，如果符号选择错了，则效果不理想。

均值滤波及其MATLAB实现

为了方便后续学习，下面做一些符号的约定。假设 $f(x,y)$ 为原始图像，$g(x,y)$ 为复原后的图像，s_{xy} 表示中心点为 (x,y)、尺寸为 $m \times n$ 的矩形子图像窗口的坐标组，如图 5.2 所示，整幅原始图像定义为 $f(x,y)$，对于某点 (x,y)，以该点为中心的矩形子图像窗口定义为 s_{xy}，子窗口的尺寸为 $m \times n$。

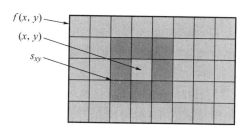

图 5.2　中心点为 (x,y)、尺寸为 $m \times n$ 的矩形子图像窗口

下面了解基于该定义下的算术均值滤波器、几何均值滤波器、谐波均值滤波器及逆谐波均值滤波器的算法原理。

5.1.1　算术均值滤波器

算术均值滤波器是最简单的均值滤波器。算术均值滤波的过程就是计算由 s_{xy} 定义

的区域中被干扰图像 $f(x,y)$ 的平均值。在任意点 (x,y) 处复原图像 $g(x,y)$ 的值，就是用 s_{xy} 定义的区域的像素计算出的算术平均值，即

$$g(x,y) = \frac{1}{mn} \sum_{(s,t) \in S_{xy}} f(s,t) \tag{5.1}$$

该操作可以用系数为 $\dfrac{1}{mn}$ 的卷积模板实现。

算术均值滤波器中的模板区域 s_{xy} 用模块运算系数表示，可以表示为矩阵 $\boldsymbol{H}$。如 3×3 的算法均值滤波器可以用系数为 $1/9$ 的卷积模板表示为

$$\boldsymbol{H}_0 = \frac{1}{9} \begin{bmatrix} 1 & 1 & 1 \\ 1 & 1 & 1 \\ 1 & 1 & 1 \end{bmatrix} \tag{5.2}$$

3×3 模板算术均值滤波处理过程如图 5.3 所示。

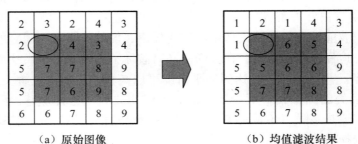

（a）原始图像　　　　　　　　　（b）均值滤波结果

图 5.3　3×3 模板算术均值滤波处理过程

对于原始图像，计算该模板区域内的所有像素的算术平均亮度值，如图 5.3（a）中像素点 3 通过式（5.3）进行计算，可以得到去噪的结果。

$$(2+3+2+2+3+4+5+7+7) \div 9 \approx 4 \tag{5.3}$$

模板依次移位，可以得到整幅图像的均值滤波结果，如图 5.3（b）所示。算术均值滤波去噪通过平滑图像的局部变化减小噪声，但降低了图像的清晰度，使图像模糊。

5.1.2　几何均值滤波器

几何均值滤波器复原图像由式（5.4）给出：

$$g(x,y) = \left[\prod_{(s,t) \in s_{xy}} f(s,t) \right]^{\frac{1}{mn}} \tag{5.4}$$

在每个被复原像素点 (x,y) 处，复原图像 $g(x,y)$ 的值由子图像窗口中像素点的乘积并自乘到 $\dfrac{1}{mn}$ 次幂给出。

5.1.3　谐波均值滤波器

使用谐波均值滤波器对图像进行复原操作由式（5.5）给出：

$$g(x,y) = \frac{mn}{\sum\limits_{(s,t)\in s_{xy}} \dfrac{1}{f(s,t)}} \tag{5.5}$$

谐波均值滤波器善于处理高斯噪声等，而且处理椒盐噪声的效果很好，但是不适合处理胡椒噪声。

5.1.4　逆谐波均值滤波器

使用逆谐波均值滤波器对图像进行复原操作由式（5.6）给出：

$$g(x,y) = \frac{\sum\limits_{(s,t)\in s_{xy}} f(s,t)^{Q+1}}{\sum\limits_{(s,t)\in s_{xy}} f(s,t)^{Q}} \tag{5.6}$$

式中，Q 为滤波器的阶数。

逆谐波均值滤波器适合减小或滤除椒盐噪声的影响。当 Q 为正数时，逆谐波均值滤波器用于消除胡椒噪声；当 Q 为负数时，逆谐波均值滤波器用于消除椒盐噪声；当 $Q=0$ 时，逆谐波均值滤波器退变为谐波均值滤波器。

5.1.5　均值滤波的 MATLAB 实现

在 MATLAB 环境中，线性滤波器的函数为 imfilter，函数的语法为

```
B=imfilter(A,h)
```

表示使用多维滤波器 h 对图像 A 进行滤波。参数可以是任意维的二值矩阵或非奇异数值型矩阵。其中，h 为矩阵，表示滤波器，常由 fspecial 函数输出得到；返回值 B 与图像 A 的维数相同。

例如，在命令窗口输入

```
>>h=fspecial('average',3)
```

可以得到式（5.7）的结果：

$$\boldsymbol{h} = \frac{1}{9}\begin{bmatrix} 1 & 1 & 1 \\ 1 & 1 & 1 \\ 1 & 1 & 1 \end{bmatrix} \tag{5.7}$$

在 MATLAB 环境中的运行结果如下。

```
>>h=fspecial('average',3)
h=
```

0.1111	0.1111	0.1111
0.1111	0.1111	0.1111
0.1111	0.1111	0.1111

例 5.1 在 MATLAB 环境中实现均值滤波。利用算术均值滤波、几何均值滤波和逆谐波均值滤波对高斯噪声图像进行滤波。

```
% 显示原始图像
I=imread('board.tif');
subplot(231),imshow(I);title('A 原始图像');
% 添加均值为 0、方差为 0.06 的高斯噪声，得到新图像 I1
I1=double(imnoise(I,'gaussian',0.06));
subplot(232),imshow(I1,[]);title('B 高斯噪声污染的图像');
% 利用 imfilter 函数实现算术均值滤波，这里选择的是 3×3 的均值模板
I2=imfilter(I1,fspecial('average',3));
subplot(233),imshow(I2,[]);title('C 用3×3算术均值滤波器滤波后的图像');
% 进行几何均值滤波，实现几何均值滤波的计算公式，得到新图像 I3
I3=exp(imfilter(log(I1),fspecial('average',3)));
subplot(234),imshow(I3,[]);title('D用3×3几何均值滤波器滤波后的图像');
%{ 进行逆谐波均值滤波，逆谐波均值滤波的数学计算公式中的分子和分母都包
含滤波过程，滤波对象是 f 的 Q+1 次幂和 f 的 Q 次幂，实现代码如下，分别得到 Q 等
于 -1.5 和 +1.5 的滤波结果 %}
Q=-1.5;
I4=imfilter(I1.^(Q+1),fspecial('average',3))./imfilter(I1.^Q,
fspecial('average',3));
Q=1.5;
I5=imfilter(I1.^(Q+1),fspecial('average',3))./imfilter(I1.^Q,
fspecial('average',3));
subplot(235),imshow(I4,[]);title('E Q=-1.5 逆谐波均值滤波器滤
波后的图像');
subplot(236),imshow(I5,[]);title('F Q=1.5 逆谐波均值滤波器滤波后的
图像');
```

程序运行结果如图 5.4 所示。

可以观察到，与图 5.4（b）相比，图 5.4（c）至图 5.4（f）经均值滤波处理后的视觉效果明显改善，说明均值滤波能有效滤除图像中的高斯噪声。将图 5.4（c）至图 5.4（e）与图 5.4（a）进行对比可以看出，对图像进行均值滤波后，图像细节处变模糊了，说明均值滤波在去除噪声的同时，破坏了图像的细节部分。将图 5.4（c）与图 5.4（d）进行对比可以看出，图 5.4（d）中的细节部分保留较多，说明几何均值滤波与算术均值滤波

相比，在滤波过程中丢失的图像细节少。将图 5.4（e）、图 5.4（f）与图 5.4（a）进行对比可以看出，当 Q 为正数时，处理后图像中的黑色线条比原始图像的细；当 Q 为负数时，处理后图像中的黑色线条比原始图像的粗。说明当 Q 为正数时，逆谐波均值滤波器会从黑色物体边缘移走一些黑色像素；当 Q 为负数时，逆谐波均值滤波器会从白色物体边缘移走一些白色像素。

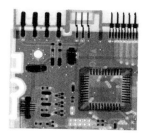

（a）原始图像

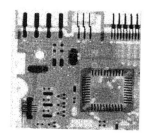

（b）高斯噪声污染的图像

（c）用 3×3 算术均值滤波器
滤波后的图像

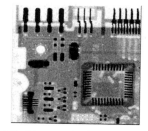

（d）用 3×3 几何均值滤波器
滤波后的图像

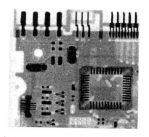

（e）$Q=-1.5$ 逆谐波均值滤波器
滤波后的图像

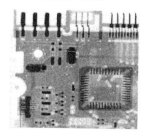

（f）$Q=1.5$ 逆谐波均值滤波器
滤波后的图像

图 5.4　程序运行结果

例 5.2　在 MATLAB 环境中实现均值滤波。分别利用算术均值滤波、几何均值滤波和逆谐波均值滤波对椒盐噪声进行滤波。

```
% 显示原始图像
I=imread('board.tif');
subplot(231),imshow(I);title('A 原始图像 ');
% 添加椒盐噪声，椒盐噪声的密度设为 0.02，得到新图像 I1
I1=double(imnoise(I,'salt & pepper',0.02));
subplot(232),imshow(I1,[]);title('B 椒盐噪声污染的图像 ');
% 进行算术均值滤波，直接利用 3×3 的二维均值滤波器对新图像 I1 进行滤波，得
到新图像 I2
I2=imfilter(I1,fspecial('average',3));
subplot(233),imshow(I2,[]);title('C 用 3×3 算术均值滤波器滤波后的
图像 ');
```

% 进行几何均值滤波，得到新图像 I3

```
I3=exp(imfilter(log(I1),fspecial('average',3)));
subplot(234),imshow(I3,[]);title('D用3×3几何均值滤波器滤波
后的图像');
```

% 进行逆谐波均值滤波，可以得到 Q 分别等于 -1.5 和 1.5 的滤波结果

```
Q=-1.5;
I4=imfilter(I1.^(Q+1),fspecial('average',3))./imfilter(I1.^Q,
fspecial('average',3));
Q=1.5;
I5=imfilter(I1.^(Q+1),fspecial('average',3))./imfilter(I1.^Q,
fspecial('average',3));
subplot(235),imshow(I4,[]);title('E  Q=-1.5逆谐波均值滤波器滤
波后的图像');
subplot(236),imshow(I5,[]);title('F Q=1.5逆谐波均值滤波器滤波后的图像');
```

程序运行结果如图 5.5 所示。

（a）原始图像

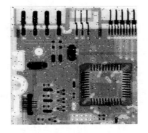
（b）椒盐噪声污染的图像

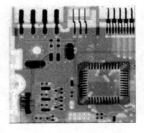
（c）用3×3算术均值滤波器
滤波后的图像

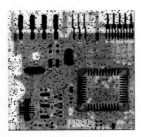
（d）用3×3几何均值滤波器
滤波后的图像

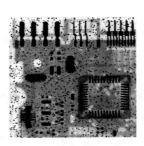
（e）Q=-1.5逆谐波均值滤波器
滤波后的图像

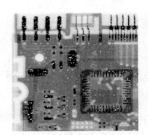
（f）Q=1.5逆谐波均值滤波器
滤波后的图像

图 5.5　程序运行结果

可以观察到，与图 5.5（b）相比，图 5.5（c）至图 5.5（f）经均值滤波后的图像中仍有很多噪声点，没有完全去除椒盐噪声，并且滤波后的图像比原始图像模糊，说明均值滤波不能很好地滤除椒盐噪声。因为椒盐噪声幅值近似相等但随机分布在不同位置，图

像中有暗点也有亮点，且其噪声的均值不为 0，所以均值滤波不能很好地去除噪声点。将图 5.5（e）、图 5.5（f）分别与图 5.5（b）进行对比可以发现，当 Q 为负数时，图 5.5（b）中的盐噪声（亮点）被滤除，但胡椒噪声（黑点）保留下来；当 Q 为正数时，图 5.5（b）中的胡椒噪声被滤除，但盐噪声保留下来。说明当 Q 为正数时，逆谐波均值滤波对胡椒噪声有很好的滤除作用；当 Q 为负数时，逆谐波均值滤波对椒盐噪声有很好的滤除作用，但逆谐波均值滤波不能同时滤除胡椒噪声和椒盐噪声，因为 Q 值在一次处理过程中是确定的。

例 5.3　在 MATLAB 环境中实现均值滤波。利用算术均值滤波、几何均值滤波和逆谐波均值滤波对均匀分布噪声进行滤波。

```
I=imread('board.tif');
subplot(231),imshow(I);title('A 原始图像 ');
I1=double(imnoise(I,'speckle',0.05));
subplot(232),imshow(I1,[]);title('B 均匀分布噪声污染的图像 ');
I2=imfilter(I1,fspecial('average',3));
subplot(233),imshow(I2,[]);title('C 用 3×3 算术均值滤波器滤波后的图像 ');
I3=exp(imfilter(log(I1),fspecial('average',3)));
subplot(234),imshow(I3,[]);title('D 用 3×3 几何均值滤波器滤波后的图像 ');
Q=-1.5;
I4=imfilter(I1.^(Q+1),fspecial('average',3))./imfilter(I1.^Q,
fspecial('average',3));
Q=1.5;
I5=imfilter(I1.^(Q+1),fspecial('average',3))./imfilter(I1.^Q,
fspecial('average',3));
subplot(235),imshow(I4,[]);title('E  Q=-1.5 逆谐波均值滤波器滤波后的图像 ');
subplot(236),imshow(I5,[]);title('F Q=1.5 逆谐波均值滤波器滤波后的图像 ');
```

程序运行结果如图 5.6 所示。

可以观察到，与图 5.6（b）相比，图 5.6（c）至图 5.6（f）经均值滤波后的图像中噪声分量明显减少，图像效果有很大改善，说明均值滤波能有效滤除图像中的均匀分布噪声。

通过实例可以得出如下结论。

（1）均值滤波对高斯噪声和均匀分布噪声的抑制效果比较好，但对椒盐噪声的影响不大，在削弱噪声的同时，整幅图像变得模糊，噪声仍然存在。

（2）经均值滤波处理后的图像边缘和细节变得模糊，说明均值滤波在去除噪声的同时，破坏了图像的细节部分。

（3）逆谐波均值滤波器能够减少或滤除图像中的椒盐噪声。当 Q 为正数时，逆谐波均值滤波对胡椒噪声有很好的滤除作用；当 Q 为负数时，逆谐波均值滤波对盐噪声有很好的滤除作用，但逆谐波均值滤波不能同时滤除胡椒噪声和椒盐噪声。

（a）原始图像

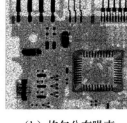

（b）均匀分布噪声
污染的图像

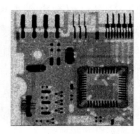

（c）用3×3算术均值滤波器
滤波后的图像

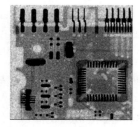

（d）用3×3几何均值滤波器
滤波后的图像

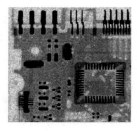

（e）$Q=-1.5$逆谐波均值滤波器
滤波后的图像

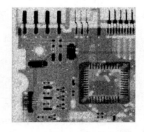

（f）$Q=1.5$逆谐波均值滤波器
滤波后的图像

图 5.6　程序运行结果

5.2　中值滤波及其 MATLAB 实现

5.2.1　中值滤波的设计思想

中值滤波及
其MATLAB
实现

　　噪声是随机量，反映在图像画面上就是像素的亮度发生了突变。噪声使得图像上被污染的像素比周围的像素亮或暗。如果在某个模板中，对像素进行由小到大重新排列，最亮或最暗的点一定排在两侧。用模板中间位置的像素的灰度值替代待处理像素的值，可以达到滤除噪声的目的，这就是中值滤波的设计思想。

　　5.1 节讲的均值滤波器对噪声有抑制作用，但会使图像模糊，即使是加权均值滤波，改善的效果也是有限的。为了有效地改善这种状况，更换滤波器的设计思路，中值滤波就是一种有效方法，特别是对椒盐噪声等噪声位置随机、噪声幅值基本相同的噪声，使用中值滤波效果明显。

5.2.2　中值滤波原理示例

中值滤波是一种滤除噪声的非线性处理方法，它的基本原理是把数字图像或数字序列中一点的值用该点的一个邻域中各点值的中值代替。

如图 5.7 所示的序列，选择序列中的第 m 个点，它的值为 2；取第 $m-2$ 个、第 $m-1$ 个、第 m 个、第 $m+1$ 个和第 $m+2$ 个点的值，且从小到大重新排列。其中 2 是被污染的点，移到了两端，排列之后的中间值为 6，即用 6 代替 2，从而达到滤除噪声的目的。

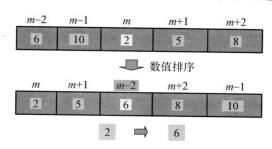

图 5.7　中值滤波原理示例

5.2.3　数学定义

1. 一维中值滤波定义

给定一组数字 $x_1, x_2, \cdots, x_n$，共有 n 个数字，对其重新排列，即

$$x_{i1} \leqslant x_{i2} \leqslant \cdots \leqslant x_{in}$$

取 y 为序列 $x_{i1}, x_{i2}, \cdots, x_{in}$ 的中值，则有

$$y = \mathrm{Med}\{x_{i1}, x_{i2}, \cdots, x_{in}\} = \begin{cases} x_i\left(\dfrac{n+1}{2}\right) & , n \text{为奇数} \\ \dfrac{1}{2}\left[x_i\left(\dfrac{n}{2}\right) + x_i\left(\dfrac{n}{2}+1\right)\right] & , n \text{为偶数} \end{cases} \tag{5.8}$$

一个点的特定长度或形状的邻域称为窗口。在一维情况下，中值滤波器是一个含有奇数个像素的滑动窗口，窗口正中间的像素值用窗口内各像素值的中值代替。假设输入序列为 $\{x_i, i \in I\}$，I 为自然数集合或子集，窗口长度为 n，则滤波器输出为

$$y_i = \mathrm{Med}\{x_i\} = \mathrm{Med}\{x_{i-u}, \cdots, x_i, \cdots, x_{i+u}\} \tag{5.9}$$

式中，$i \in I, u = \dfrac{n-1}{2}$。

2. 二维中值滤波定义

对于二维数字图像，需要将中值滤波器的概念推广到二维，此时可以利用某种形式的二维窗口。设 $(x_{ij}, (i,j) \in I^2)$ 表示数字图像中各点的灰度值，窗口定义为 A，二维中值滤波就可以定义为 $\{x_{ij}, (i,j) \in I^2\}$，则滤波器输出为

$$y_i = \mathrm{Med}_A\{x_{ij}\} = \mathrm{Med}\{x_{i+r, j+s}, (r,s) \in A(i,j) \in I^2\} \tag{5.10}$$

二维窗口也称二维滤波器，二维中值滤波器可以取方形、近似圆形或十字形，二维中值滤波的窗口形状和窗口尺寸对滤波效果的影响比较大。不同的图像内容和不同的应用要求，往往采用不同的窗口形状和窗口尺寸，比如，窗口尺寸可以取 3×3、5×5 等。一般来说，有较长轮廓线物体的图像比较适合采用方形窗口，包含尖顶物体的图像比较适合用十字形窗口。窗口尺寸以不超过图像中最小有效物体的尺寸为宜。如果图像中点、线、尖角细节较多，则不宜采用中值滤波。

中值滤波对随机噪声的抑制能力比均值滤波差。但对于脉冲干扰，特别是脉冲宽度较小、相距较远的窄脉冲，中值滤波是很有效的。

5.2.4　中值滤波的 MATLAB 实现

例 5.4　在 MATLAB 环境中，实现存在椒盐噪声的图像的中值滤波。

temp=

1	2	1
1	2	2
5	7	6

图 5.8　中值滤波窗口覆盖的区域

首先运用 imread 函数读取一幅图像，添加强度为 0.2 的椒盐噪声，噪声图像用 f_n 表示。然后使用 size 函数获取图像的高度为 m，宽度为 n。如果选取 3×3 的窗口，则利用 for 循环遍历图像上的所有点，对于任意点 $f(i,j)$，中值滤波窗口覆盖的区域是 $f(i,j)$ 周围的九个点，如图 5.8 所示，也就是 $f(i-1,j-1) \sim f(i+1,j+1)$ 的九个点。

从 $f_n(2,2)$ 开始遍历图像上的每个点。以这个点为例，先获取以该点为中心的窗口矩阵，再将矩阵转换为一维向量，如图 5.9（a）所示。将向量从小到大排序，如图 5.9（b）所示，取中值并替换原值，该点的计算结束。

temp=

1	1	5	2	2	7	1	2	6

（a）矩阵转换为一维向量

temp=

1	1	1	2	2	2	5	6	7

（b）将向量从小到大排序

图 5.9　矩阵转换为一维向量与向量从小到大排序

接着遍历下一个点。以图 5.10 为例，遍历剩下的点，进行窗口排序后取中值，分别得到剩余所有点的中值滤波结果。

图 5.10　中值滤波结果

具体代码如下所示。

```
f=imread('board.tif');          % 读取图像
fn=imnoise(f,'salt & pepper', 0.2);
[m,n]=size(fn);
g=fn;
for i=2:m-1
    for j=2:n-1
        temp=f(i-1:i+1,j-1:j+1);
        temp=reshape(temp,1,[]);
        temp=sort(temp);
        g(i,j)=temp(1,5);
    end
end
subplot(121);imshow(fn);title(' 椒盐噪声图像 ');
subplot(122);imshow(g);title('for 循环中值滤波结果 ');
```

程序运行结果如图 5.11 所示。

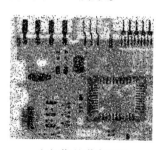 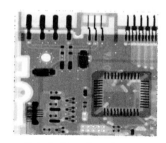

（a）椒盐噪声图像　　　　　（b）for循环中值滤波结果

图 5.11　程序运行结果

MATLAB 提供了 medfilt2 函数以实现图像的二维中值滤波处理。函数的调用格式通常有以下三种情况。

第一种情况为

```
B=medfilt2(A,[m,n]);
```

其中，A 为待滤波的图像的数据矩阵；B 为滤波后的数据矩阵；[m,n] 为中值滤波的邻域块的尺寸（滤波窗口的尺寸），默认为 3×3。

第二种情况为

```
B=medfilt2(A);
```

窗口尺寸省略，使用默认的邻域块对图像 A 进行中值滤波。

第三种情况为

```
B=medfilt2(A,'indexed'…);
```

其中，'indexed' 表明操作对象为索引图像。

例 5.5 利用 medfilt 函数对高斯噪声进行滤波。

为图像添加均值为 0、方差为 0.02 的高斯噪声，使用 medfilt2 函数进行窗口尺寸为 5×5 的中值滤波。默认情况下，边界处的像素滤波处理采用边界零扩充方式。如果需要用边界本身扩充，则可以使用 symmetric 参数。具体代码如下。

```
f=imread('board.tif');
fn=imnoise(f,'gaussian',0,0.02);
gn1=medfilt2(fn,[5 5]);
gn2=medfilt2(fn,[5 5],'symmetric');
subplot(2,2,1); imshow(f); title(' 原始图像 ');
subplot(2,2,2);imshow(fn);title(' 高斯噪声图像 ');
subplot(2,2,3);imshow(gn1);title(' 边界用零扩充的中值滤波结果 ');
subplot(2,2,4);imshow(gn2);title(' 边界用邻域扩充的中值滤波结果 ');
```

程序运行结果如图 5.12 所示。

（a）原始图像

（b）高斯噪声图像

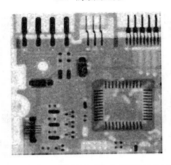

（c）边界用零扩充的中值滤波结果

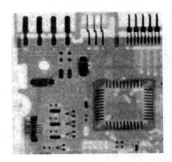

（d）边界用邻域扩充的中值滤波结果

图 5.12　程序运行结果

例 5.6　利用 medfilt 函数对椒盐噪声进行滤波。

为图像添加强度为 0.2 的椒盐噪声，使用 medfilt2 函数进行窗口尺寸为 5×5 的中值滤波，分别得到边界用零扩充的中值滤波结果和边界用邻域扩充的中值滤波结果。具体代码如下。

```
f=imread('board.tif');
fn=imnoise(f,'salt&pepper',0.2);
gn1=medfilt2(fn,[5 5]);
gn2=medfilt2(fn,[5 5],'symmetric');
subplot(2,2,1);imshow(f);title(' 原始图像 ');
subplot(2,2,2);imshow(fn);title(' 高斯噪声图像 ');
subplot(2,2,3);imshow(gn1);title(' 边界用零扩充的中值滤波结果 ');
subplot(2,2,4);imshow(gn2);title(' 边界用邻域扩充的中值滤波结果 ');
```

程序运行结果如图 5.13 所示。

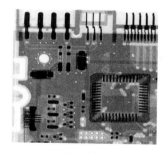

（a）原始图像

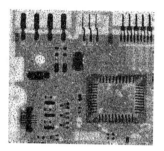

（c）高斯噪声图像

（b）边界用零扩充的中值滤波结果

（d）边界用邻域扩充的中值滤波结果

图 5.13　程序运行结果

图 5.14（a）所示是添加了椒盐噪声的图像，分别对它进行均值滤波 ［图 5.14（b）］和中值滤波 ［图 5.14（c）］，可以看出对于椒盐噪声，中值滤波比均值滤波效果好。

椒盐噪声是指幅值近似相等但随机分布在不同位置上，图像中有干净点也有污染点。中值滤波是选择适当的点替代污染点的值，处理效果好。因为噪声的均值不为 0，所以均值滤波不能很好地去除噪声点。

（a）椒盐噪声图像　　　　　　（b）均值滤波结果　　　　　　（c）中值滤波结果

图 5.14　对椒盐噪声图像的中值滤波与均值滤波结果

图 5.15（a）所示是高斯噪声图像，分别进行均值滤波［图 5.15（b）］和中值滤波［图 5.15（c）］，可以看出对于高斯噪声，均值滤波比中值滤波效果好。

（a）高斯噪声图像　　　　　　（b）均值滤波结果　　　　　　（c）中值滤波结果

图 5.15　对高斯噪声图像的中值滤波与均值滤波结果

高斯噪声是指幅值近似正态分布，但分布在每个点像素上，图像中的每个点都是污染点，中值滤波选不到合适的干净点。因为正态分布的均值为零，所以均值滤波可以较好地消除噪声。

思考题：为什么均值滤波只能减小高斯噪声，而不能完全滤除？

5.3　图像卷积及其滤波

图像卷积及其滤波

卷积是数字图像处理中的一个非常重要的概念。假设有一幅图像 $f(i,j)$、一个卷积核 $w(m,n)$ 和输出图像 $g(i,j)$，它的卷积表述是图像 f 分别按照卷积核的两个要素均匀地遍历一遍，先求它们的乘积，再求和，得到卷积结果：

$$g(i,j) = f * \omega = \sum_{\substack{(m,n)\in w \\ (i-m,j-n)\in f}} f(i-m, j-n)\, w(m,n) \tag{5.11}$$

式（5.12）是相关的数学表达，只是在符号上有所不同。

$$g(i,j) = f \otimes \omega = \sum_{\substack{(m,n)\in w \\ (i+m,j+n)\in f}} f(i+m, j+n)\, w(m,n) \tag{5.12}$$

卷积计算过程中，需要对卷积核进行 180° 翻转，而相关计算无须该操作。当卷积核对称时，卷积与相关计算结果相同；当卷积核不对称时，翻转显得尤为重要。卷积是计算图像与核之间的一个运算操作，而相关表达的是两幅图像之间的相关性。

卷积在图像处理领域有非常广泛的应用，可以用于数字图像处理，比如对图像进行毛玻璃效果、浮雕效果、图像边缘检测、图像锐化和图像平滑等操作。其实很多滤波运算都是基于卷积完成的，滤波效果取决于卷积核或滤波器。

例 5.7　对 Lena 图像进行卷积运算。

（1）算术均值滤波。

```
I=imfilter(I1,fspecial('average',3));
```

是对含有椒盐噪声的 Lena 图像使用一个 3×3 的卷积核进行滤波，其中每个元素的权重都为 1/9，如果进行卷积运算，就会发现图像变得比较干净，点状的椒盐噪声得到了抑制，如图 5.16 所示。

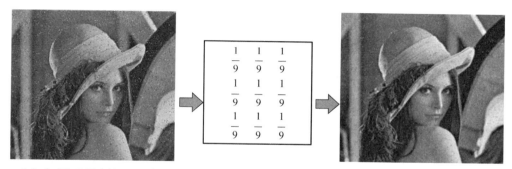

（a）含有椒盐噪声的Lena图像　　　　　　　　　　（b）经过卷积运算的新图像

图 5.16　利用卷积核进行卷积运算的结果 1

（2）对于图 5.17（a）所示的 Lena 图像，使用另一个 3×3 的卷积核进行滤波，卷积核的第一列为 –1，–2，–1，中间一列为 0，0，0，最后一列为 1，2，1。进行卷积运算后，该图像变成了一幅具有特殊效果的图像，如图 5.17（b）所示，有侧光打过来的效果，实际上是求取了原始的一个边缘线。

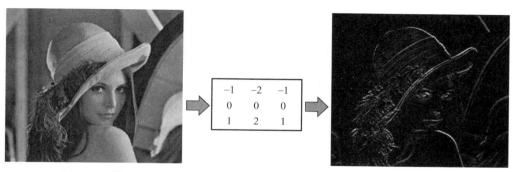

（a）Lena图像　　　　　　　　　　　　　（b）经过卷积运算的新图像

图 5.17　利用卷积核进行卷积运算的结果 2

（3）对于同一幅 Lena 图像，使用一个周围都为 1、中间为 –8 的卷积核，采用相同运算方式、相同卷积对图像进行卷积运算，出现不同的效果，如图 5.18 所示，对 Lena 图像的周围进行了勾画，增强了边缘。

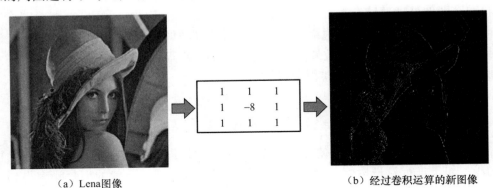

（a）Lena图像　　　　　　　　　　　　　　　　（b）经过卷积运算的新图像

图 5.18　利用卷积核进行卷积运算的结果

以上三个实例其实是替换了窗口、卷积核的数字，得到完全不同的效果，为了更深入地了解这一点，要理解卷积核的形式。卷积核的尺寸一般使用 3×3、5×5 或 7×7，而且对滤波器（卷积核）有一定的规则要求：只有滤波器的尺寸是奇数时才有一个中心，如 3×3、5×5、7×7。有了中心，就有了半径，例如 5×5 的卷积核的半径为 2。

在具体操作过程中，首先对卷积核的正中心和图像上的每个像素点进行叠加，即以该中心及其压在下面的像素点进行运算，可以理解为把卷积核覆盖在图像上对应尺寸的区域上，中心压住的点就是当前正在计算的卷积的操作点，该操作是靠当前点和卷积核及压在下面的所有点进行的，一次完成后，会向下一个位置平移，再进行运算，直到计算完整幅图像。

通过图 5.19，大家可以看到 3×3 的方块使用的是卷积核，中间的小方块是卷积核的中心，它和压在下面的像素之间需要进行运算，运算后得到的结果是当前中心压在下面的一个像素点的卷积值。

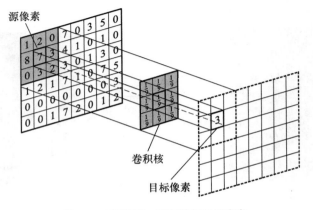

图 5.19　源像素、卷积核与目标像素

卷积其实是把每个点与其压在下面的每个图像上的像素点的灰度值对应相乘，再把这 9 个乘积累加起来，如图 5.20 所示。

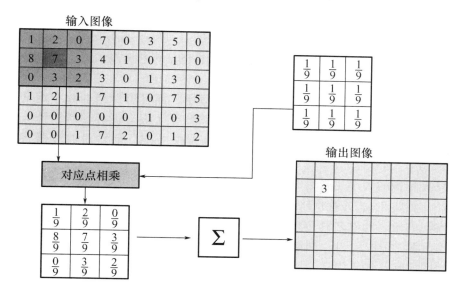

图 5.20　卷积运算示意

在图 5.20 中，由于卷积核为 3×3 的均值滤波器，因此卷积核的所有元素都为 $\frac{1}{9}$。将卷积核上的每个点与输入图像中覆盖区域的每个像素点对应相乘。卷积核的中心点对应覆盖区域的中心点，图像中的像素与卷积核上的像素对应相乘，得到中间结果，再将中间结果累加起来，得到卷积结果 3，即当前位置像素的卷积结果；卷积核滑到下一个像素，重复以上操作，直到计算完整幅图像，得出卷积结果。

可能会有如下几个疑问。

（1）在图像的边缘并没有足够的像素被叠加。比如，计算图像左上角的值时，可能没有完整的图像被卷积核叠加，称为卷积的边缘效应，很难计算边缘点，有以下两种解决方案。

①最外圈的值不计算，从第 2 行第 2 列开始运算，这种运算其实是丢掉周围一圈的灰度值，因为整幅图像非常大，所以边缘并不影响整幅图像的运算结果。

②在图像周围虚拟地插入一圈值，即多加一圈值。比如，在图像的周围一圈使用最近邻插值等方法，人为地加一圈像素，计算后将其丢掉。

（2）图像结果可能超出值域范围，因为值域是 0 ～ 255，在图像上会看到有些值已经超出 255，此时可以把小于 0 的部分置为 0，把大于 255 的部分置为 255。

观察卷积公式（5.11），可以发现它是一个函数 f。i 与 m 之间的变化等于 i 按照 m 旋转一圈，它沿着中心点做邻域旋转，遍历一遍，j 按照 n 遍历一遍。以 3×3 的模板为例，当前点及其周围 8 个邻域点都要进行运算，即当前点及其压在下面的像素灰度值之间需要做乘法运算，即 $f(i-m, j-n)$ 乘以卷积核 (m,n) 的灰度值，再将得到的值进行累加，得到中心点所在位置图像卷积的结果。一定要把结果存储在另一个内存里，不能在原始图像中修改灰度值，否则当计算下一个点的卷积时会出错。

卷积和相关有两个非常关键的特点：是线性的且具有平移不变性。线性是指用每个像素的邻域的线性组合代替该像素，即操作是线性的。平移不变性是指在图像的每个位置都执行相同的操作。

实际上，在信号处理领域，卷积有广泛的应用，而且有严格的数学定义。对灰度图像进行的卷积也称二维卷积。因为二维卷积需要 4 个嵌套循环，所以计算速度并不是很快，除非使用很小的卷积核，一般使用 3×3 或 5×5，而且对滤波器有一定的规则要求。

（1）只有卷积的大小是奇数时才有一个中心，例如 3×3、5×5、7×7。有了中心，就有了半径，例如 5×5 的卷积核的半径是 2。

（2）卷积的所有元素之和应该等于 1，以保证滤波前后图像的亮度不变。如果滤波器矩阵所有元素之和大于 1，则滤波后的图像比原始图像亮；如果小于 1，则滤波后的图像比原始图像暗；如果为 0，则图像不会变黑，但很暗。

滤波后的结果，可能会出现负数或者大于 255 的数值，为负数时，可以取绝对值；大于 255 时，截取 0 ～ 255。

下面学习卷积和相关操作在 MATLAB 环境中的应用，有必要进一步介绍滤波函数 imfilter。结合之前的介绍，滤波的关键在于选取卷积核，滤波模式可以分为卷积和相关两种。另外，还要考虑图像边缘处理，imfilter 函数就具有以上功能。Imfilter 函数的语法为

```
g=imfilter(f,w,filtering_mode,boundary_options,size_options);
```

其中，f 为输入图像；w 为滤波模板；g 为滤波结果；filtering_mode、boundary_options 及 size_options 的含义见表 5.1。

表 5.1　filtering_mode、boundary_options 及 size_options 的含义

参数		含义
filtering_mode（滤波模式）	'corr'	correlation，是默认值
	'conv'	convolution
boundary_options（边界选项）	p	输入图像的边界通过填充 p 值扩展，p 的默认值为 0
	'replicate'	输入图像的边界通过复制外边界的值扩展
	'symmetric'	通过镜像反射方式对称地沿边界扩展
size_options（尺寸选项）	'full'	输出图像的尺寸与输入图像的尺寸相同
	'same'	输出图像的尺寸与输入图像的尺寸相同

filtering_mode 有两个选择，滤波可以通过相关或者是卷积完成，如果不写该参数，则默认为 correlation。

boundary_options 如果取 p 值，则表示在滤波操作时输入图像的边界通过填充 p 值扩展，p 的默认值是 0 ；如果取 'replicate'，则表示输入图像的边界通过复制外边界的值扩展；如果取 'symmetric'，则表示输入图像通过镜像反射方式对称地沿边界扩展。

size_options 如果取 'full'，则输出图像的尺寸与输入图像的尺寸相同；如果取 'same'，则输出图像的尺寸与输入图像的尺寸相同。可通过将滤波掩模中心点的偏移限制在原始图像中包含的点来实现。

例 5.8　相关和卷积的运算。

（1）假设有一个滤波窗口（卷积核）h、一幅待处理的图像 f，以边界用零扩充的方法实现相关操作，如图 5.21 所示。

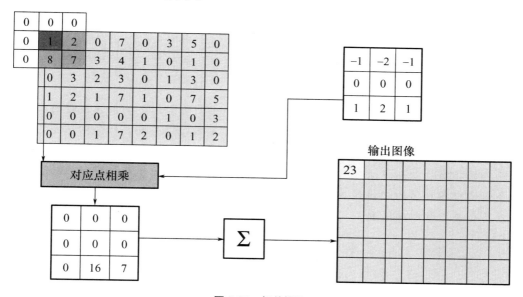

图 5.21　相关操作

相关操作就是将卷积核 h 的中心对准 f 的第一个元素，再在对应元素相乘后相加，没有元素的地方补零。结果 Y 中的第一个元素值 $Y(1,1)$ 的相关计算结果是多少呢？请自行计算。

（2）以边界用零扩充的方法实现卷积操作（图 5.22）。

第一步，将卷积核翻转 180°。第二步，将卷积核 h 的中心对准图像 f 的第一个元素，再在对应元素相乘后相加，没有元素的地方补零。结果 Y 中的第一个元素值 $Y(1,1)$ 的相关计算结果是多少呢？请自行计算。

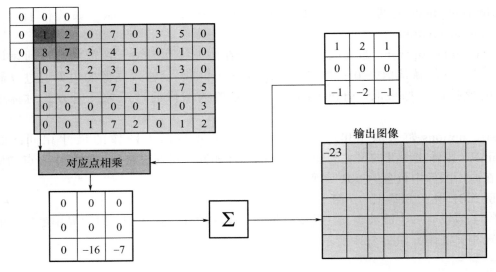

图 5.22　卷积操作

本章小结

本章主要介绍了均值滤波、中值滤波、卷积和相关的知识。均值滤波是典型的线性滤波算法，主要采用邻域平均法。均值滤波主要有算术均值滤波、几何均值滤、谐波均值滤波及逆谐波均值滤波。算术均值滤波器是最简单的均值滤波器。中值滤波器是一种去除噪声的非线性处理方法，它的基本原理是把数字图像或数字序列中一点的值用该点的一个邻域中各点值的中值代替。本章还介绍了卷积的基本操作及其一些算法的基本流程，以及相关与卷积的区别。

本章习题

1. 说明均值滤波器对椒盐噪声及高斯噪声的滤波原理，并分析结果。

2. 使用中值滤波器对高斯噪声和椒盐噪声的滤波结果相同吗？为什么会出现这种现象？

3. 使用均值滤波器对高斯噪声和椒盐噪声的滤波结果相同吗？为什么会出现这种现象？

4. 比较均值滤波和中值滤波对图像的椒盐噪声和高斯噪声抑制过程中的优势，并说明原因。

5. 设原始图像

$$f = \begin{bmatrix} 59 & 60 & 58 & 57 \\ 61 & 90 & 59 & 57 \\ 62 & 59 & 0 & 58 \\ 59 & 61 & 60 & 56 \end{bmatrix},$$

请对其进行均值滤波和中值滤波，并分析滤波结果的异同。

6.运用 MATLAB 语言或者自己熟悉的编程语言读入一幅灰度图像，加入高斯噪声及椒盐噪声之后，分别采用 3×3、5×5、7×7 的卷积核，进行均值滤波和中值滤波处理，并分析处理结果。

知识扩展

图像噪声

对于数字图像处理而言，噪声是指图像中的非本源信息。因此，噪声会影响人的感官对所接收的信源信息的准确理解。在理论上，噪声只能通过概率统计的方法来认识和研究噪声信号。从严格意义上分析，图像噪声可认为是多维随机信号，可以采用概率分布函数、概率密度函数，以及均值、方差、相关函数等描述噪声特征。

大多数字图像系统中，输入光图像都是通过扫描方式将多维图像变成一维电信号，再对其进行存储、处理和传输等，从而形成多维图像信号。在该过程中，图像数字化设备、电气系统和外界影响使得图像噪声的产生不可避免。例如，处理高放大倍数遥感图片的 X 射线图像系统中的噪声去除等已成为不可或缺的技术。

图像噪声按产生的原因可分为外部噪声和内部噪声。外部噪声是指系统外部干扰从电磁波或经电源传进系统内部而引起的噪声，如电气设备、自然界的放电现象等引起的噪声。一般情况下，数字图像中的常见内部噪声如下。

（1）设备元器件及材料本身引起的噪声，如磁带、磁盘表面缺陷产生的噪声。

（2）系统内部设备电路引起的噪声，包括电源系统引入的交流噪声、偏转系统和箝位电路引起的噪声等。

（3）电器部件机械运动产生的噪声，如数字化设备的各种接头由抖动引起的电流变化所产生的噪声，磁头、磁带抖动引起的抖动噪声等。

噪声分类不是绝对的，按不同的性质有不同的分类方法。例如，从统计特性看，图像噪声可分为平稳噪声和非平稳噪声两种，其中统计特性不随时间变化的噪声称为平稳噪声，统计特性随时间变化的噪声称为非平稳噪声。

一般情况下，图像中的噪声具有叠加性、分布和大小不规则、噪声与图像之间具有相关性三个特点。根据与信号的关系，噪声可分为加性噪声和乘性噪声。加性噪声方法成熟，而乘性噪声处理方法目前还不成熟和通用。一般条件下，在现实生活中遇到的绝大多数图像噪声均可认为是加性噪声。在图像的串联传输系统中，各串联部件引起的图像噪声一般具有叠加效应，导致使信噪比下降。由于噪声在图像中是随机出现的，因此其分布和幅值也是随机的。通常情况下，摄像机的信号与噪声相关，明亮部分噪声小，黑暗部分噪声大。数字图像处理技术中存在的量化噪声与图像相位相关。例如，图像内容接近平坦时，量化噪声呈现伪轮廓，但此时图像信号中的随机噪声会产生颤噪效应，反而使量化噪声变得不是很明显。

第6章

空间域图像锐化

课时：本章建议 4 课时。

教学目标

1. 掌握边缘和微分的概念。
2. 掌握基于一阶微分的图像锐化。
3. 掌握基于二阶微分的图像锐化。
4. 掌握 Roberts 算子、Prewitt 算子、Sobel 算子和拉普拉斯算子。

教学要求

知识要点	能力要求	相关知识
边缘与微分	掌握边缘和微分的概念	边缘、微分
基于一阶微分的图像锐化	1. 掌握基于一阶微分的图像锐化 2. 掌握 Roberts 算子、Prewitt 算子和 Sobel 算子	Roberts 算子、Prewitt 算子、Sobel 算子
基于二阶微分的图像锐化	1. 掌握基于二阶微分的图像锐化 2. 掌握拉普拉斯算子	拉普拉斯算子

思维导图

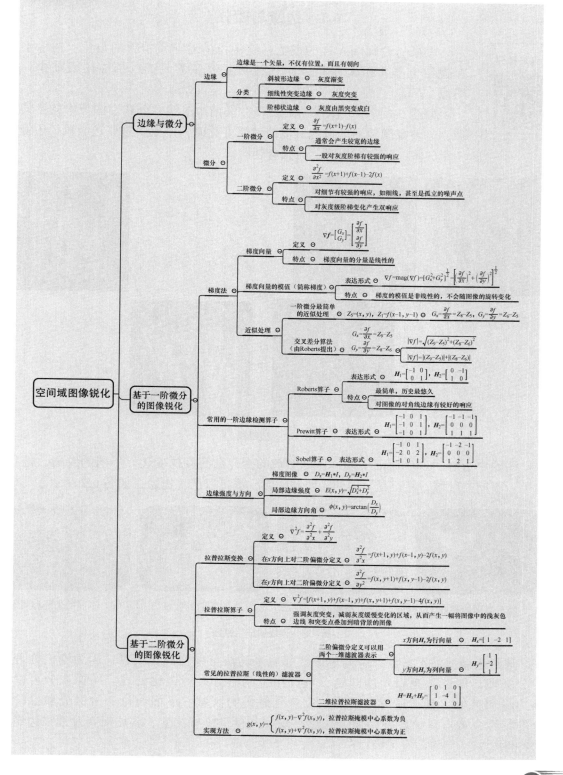

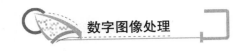
6.1 边缘与微分

边缘与轮廓在人类的视觉系统中扮演着非常重要的角色。边缘不仅在视觉上非常引人注目，而且经常通过多条关键线条描述或重建一幅图像。

如图 6.1 所示，图像中其实存在大量边缘线，分布在图像中的不同区域，当整幅图像的区域的灰度值发生变化时，产生了这些边缘线。边缘是一个矢量，不仅有位置，而且有朝向。

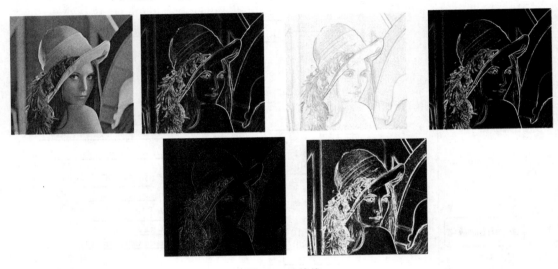

图 6.1 边缘线

图像中边缘的产生原因不同，比如颜色的变化、亮度的变化，不同的纹理、材质、对象，不同的区域，甚至是不同的光照和阴影，都可以产生边缘，如图 6.2 所示。

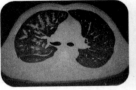

（a）不同的亮度　　　（b）不同的纹理　　　（c）不同的区域　　　（d）不同的光照和阴影

图 6.2 边缘的产生原因

通过空域滤波了解到，空间域像素邻域平均法可以使图像模糊。因为均值处理与积分类似，所以从逻辑角度断定，可以用空间微分进行锐化处理。图像微分可以增强边缘和其他突变，还可以削弱灰度变化缓慢的区域。下面讨论一阶微分和二阶微分的特性，重点讨论数字图像上灰度平坦、灰度呈阶梯突变、斜坡渐变及细线边缘等的特性。

图 6.3 所示是一幅简单图像，其中包含一条孤立的细线、一个斜坡渐变的灰度变化区域和一个阶梯突变的灰度变化区域。根据这幅图像，沿着中心水平方向得到图像的水平剖面图，如图 6.4 所示。图像中一行的灰度变化剖面图可以看作一个一维函数 $f(x)$。

图 6.3 一幅简单图像

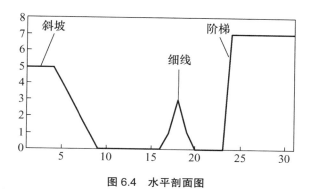

图 6.4 水平剖面图

一般情况下，可以把边缘分成以下三类。

（1）斜坡形边缘，其灰度是渐变的。

（2）细线型突变边缘，像柱子一样陡然上升，又陡然下落。

（3）阶梯状边缘，比如图像从黑色突然变成白色的地方。

对图 6.5（a）所示的一元函数进行一阶微分和二阶微分，可以看到，对于一阶微分，在平坦段导数为 0，在灰度阶梯或者斜坡起点处导数为 0；沿着斜坡的导数值非 0，如图 6.5（b）所示。对于二阶微分，在平坦段导数为 0，在灰度阶梯或者斜坡起点处导数非 0，沿着斜坡的导数为 0，如图 6.5（c）所示。

以上是从连续的一阶导数角度分析的，因为处理的是数字图像，是数字量，它的值是有限的，所以最大灰度级变化也是有限的，变化发生的最短距离是在两个相邻像素之间。

对于一元函数 $f(x)$，表达一阶微分的定义是一个差值：

$$\frac{\partial f}{\partial x} = f(x+1) - f(x) \tag{6.1}$$

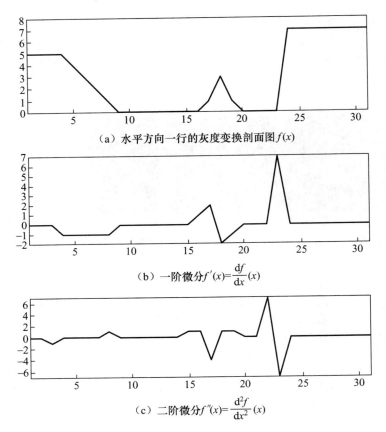

（a）水平方向一行的灰度变换剖面图$f(x)$

（b）一阶微分$f'(x)=\dfrac{\mathrm{d}f}{\mathrm{d}x}(x)$

（c）二阶微分$f''(x)=\dfrac{\mathrm{d}^2f}{\mathrm{d}x^2}(x)$

图 6.5　对一元函数进行一阶微分和二阶微分处理

　　为了与对二元函数$f(x,y)$求微分时的表达式保持一致，使用偏导符号。对二元函数沿着两个空间轴处理偏微分。

　　类似地，用如下差分定义二阶微分：

$$\frac{\partial^2 f}{\partial x^2} = f(x+1) + f(x-1) - 2f(x) \tag{6.2}$$

　　接下来对图 6.5（a）取一幅简化的离散剖面图，如图 6.6 所示，在图中取足够多的点，以分析噪声点、线以及物体边缘的一阶微分和二阶微分结果。在图 6.6 中，斜坡的过渡包含五个像素，细线有三个像素，灰度阶梯的过渡变化在相邻像素之间产生。从左向右横穿剖面图，讨论一阶微分和二阶微分的性质。

　　首先，沿着整个斜坡一阶微分值都不是 0，进行二阶微分后，非 0 值只出现在斜坡的起始处和终点处。因为在图像中，边缘类似于以上这种过渡，所以可得出结论：一阶微分产生较粗的边缘，二阶微分产生较细的边缘。

　　其次，对于细线型突变边缘，二阶微分比一阶微分的响应强得多，由于细线可以看成一个细节，因此在进行细节增强处理时，二阶微分比一阶微分强得多。

　　最后，在这个实例中，灰度阶梯上的两种微分结果相同，一阶微分有一个急剧的峰值，二阶微分有一个过渡，即从正回到负，有一个过零点。在一幅图像中，该现象表现为双线。

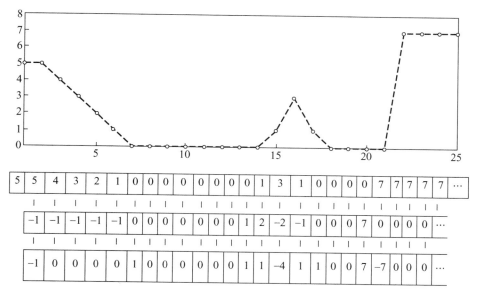

图 6.6　简化的离散剖面图

通过以上分析，比较一阶微分与二阶微分的响应，可得出以下结论。

（1）一阶微分处理通常会产生较宽的边缘。

（2）二阶微分处理对细节有较强的响应，如细线，甚至是孤立的噪声点。

（3）一阶微分处理一般对灰度阶梯有较强的响应。

（4）二阶微分处理对灰度级阶梯变化产生双响应。

在大多数应用中，对于图像增强，二阶微分的效果比一阶微分的效果好，因为形成增强细节的能力更强，所以进行图像锐化时可用二阶微分处理。一阶微分在图像处理中主要用于边缘提取，其实在图像锐化增强中也起着很大作用。下面将重点讨论基于一阶微分和二阶微分的图像锐化。

6.2　基于一阶微分的图像锐化

二维函数沿某个坐标轴的导数称为偏导数，比如 $f(x, y)$ 沿着 x 轴的导数、$f(x, y)$ 沿着 y 轴的导数分别为偏导数 $\dfrac{\partial f}{\partial x}$ 和 $\dfrac{\partial f}{\partial y}$。在图像处理中，一阶微分的定义是通过梯度实现的。函数 $f(x, y)$ 在其坐标 (x, y) 上的梯度是通过二维列向量定义的。

基于一阶微分的图像锐化

$$\nabla f = \begin{bmatrix} G_x \\ G_y \end{bmatrix} = \begin{bmatrix} \dfrac{\partial f}{\partial x} \\ \dfrac{\partial f}{\partial y} \end{bmatrix} \qquad (6.3)$$

式中，G_x 和 G_y 分别代表沿 z 轴和 y 轴的导数。

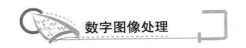

在边缘检测中，模值是向量的值，用 ∇f 表示：

$$\nabla f = \text{mag}(\nabla f) = \left[G_x^2 + G_y^2 \right]^{\frac{1}{2}} = \left[\left(\frac{\partial f}{\partial x} \right)^2 + \left(\frac{\partial f}{\partial y} \right)^2 \right]^{\frac{1}{2}} \qquad (6.4)$$

梯度向量的分量是线性算子，但梯度向量的模值是非线性的。梯度向量的分量不是各项同性的，但梯度向量的模值是各项同性的，也就是说，梯度向量的模值不会随图像的旋转变化，该性质对各项同性的边缘定位起着重要作用，因此梯度向量的模值是许多边缘检测方法的基础。在本书中，如果没有特意区分，一般把梯度向量的模值定义为梯度。

由于计算整幅图像的梯度的运算量很大，因此在实际操作中，常用绝对值代替平方与开方运算，近似求梯度的模值。

$$\nabla f \approx \left| G_x \right| + \left| G_y \right| \qquad (6.5)$$

之前讨论过，f 在 x 轴的偏导表示为 $f(x+1) - f(x)$，f 在 y 轴的偏导表示为 $f(y+1) - f(y)$。对上述公式定义数学近似方法，得出合适的滤波掩模。

$$\frac{\partial f}{\partial x} = f(x+1, y) - f(x, y) \qquad (6.6)$$

$$\frac{\partial f}{\partial y} = f(x, y+1) - f(x, y) \qquad (6.7)$$

为了便于讨论，使用图 6.7 中的符号 $Z_1 \sim Z_9$ 表示 3×3 区域的图像点。

Z_1	Z_2	Z_3
Z_4	Z_5	Z_6
Z_7	Z_8	Z_9

图 6.7　3×3 区域示意

若中心点 Z_5 表示 $f(x, y)$，则 Z_1 表示 $f(x-1, y-1)$，依此类推，那么上面提到的一阶微分最简单的近似处理如下：

$$G_x = \frac{\partial f}{\partial x} = Z_8 - Z_5 \qquad (6.8)$$

$$G_y = \frac{\partial f}{\partial y} = Z_6 - Z_5 \qquad (6.9)$$

Robert 在 1965 年提出的两种定义使用了交叉差分算法：

$$G_x = \frac{\partial f}{\partial x} = Z_9 - Z_5 \qquad (6.10)$$

$$G_y = \frac{\partial f}{\partial y} = Z_8 - Z_6 \qquad (6.11)$$

计算梯度的公式为

$$|\nabla f| = \sqrt{(Z_9 - Z_5)^2 + (Z_8 - Z_6)^2} \qquad (6.12)$$

如果使用绝对值，则得出梯度的近似算法：

$$|\nabla f| = |(Z_9 - Z_5)| + |(Z_8 - Z_6)| \qquad (6.13)$$

式（6.13）可以通过两个掩模实现，这些掩模称为 Roberts 交叉梯度算子。Roberts 交叉梯度算子使用两个非常小的 2×2 滤波器沿图像的对角线方向估算方向梯度，如图 6.8 所示。

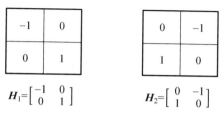

图 6.8　Roberts 交叉梯度算子

对图 6.9（a）所示的图像进行 Roberts 交叉梯度算子滤波处理，利用 H_1 卷积图像和 H_2 卷积图像的结果分别如图 6.9（b）和图 6.9（c）所示，可以发现，这类滤波器对图像中的对角线边缘有较好的响应。

（a）原始图像　　　　（b）利用H_1卷积图像的结果　　　　（c）利用H_2卷积图像的结果

图 6.9　卷积图像

Roberts 交叉梯度算子是最简单的边缘检测算子，实际上还经常使用 Prewitt 算子和 Sobel 算子，它们使用尺寸为 3×3 的滤波器掩模。

Prewitt 算子使用图 6.10 所示的滤波器，分别通过相邻的 3 行或 3 列计算平均梯度分量。

$$
H_1 = \begin{bmatrix} -1 & 0 & 0 \\ -1 & 0 & 1 \\ -1 & 0 & 1 \end{bmatrix}
$$

$$
H_2 = \begin{bmatrix} -1 & -1 & -1 \\ 0 & 0 & 1 \\ 1 & 1 & 1 \end{bmatrix}
$$

Z_1	Z_2	Z_3
Z_4	Z_5	Z_6
Z_7	Z_8	Z_9

图 6.10　Prewitt 算子

同样在点 Z_5，使用绝对值及 3×3 掩模的近似结果可以表示为

$$
\nabla f \approx \left| (Z_3+Z_6+Z_9)-(Z_1+Z_4+Z_7) \right| + \left| (Z_7+Z_8+Z_9)-(Z_1+Z_2+Z_3) \right| \qquad (6.14)
$$

在 3×3 图像区域中，第 3 列与第 1 列的差接近 y 轴方向上的微分，第 3 行与第 1 行的差接近 x 轴方向上的微分。图 6.11（a）和图 6.11（b）所示为使用 Prewitt 算子对图 6.9（a）所示的图像进行滤波的结果，可以很明显地看出梯度分量对方向的依赖性。

（a）利用 H_1 卷积图像的结果　　　（b）利用 H_2 卷积图像的结果

图 6.11　滤波结果

Sobel 算子与 Prewitt 算子的滤波器几乎相同，只是为中间的行和列分配了更大的权值，如图 6.12 所示。

Z_1	Z_2	Z_3
Z_4	Z_5	Z_6
Z_7	Z_8	Z_9

$$
H_1 = \begin{bmatrix} -1 & 0 & 0 \\ -2 & 0 & 2 \\ -1 & 0 & 1 \end{bmatrix}
$$

$$
H_2 = \begin{bmatrix} -1 & -2 & -1 \\ 0 & 0 & 0 \\ 1 & 2 & 1 \end{bmatrix}
$$

图 6.12　Sobel 算子

对原始图像进行 Sobel 算子滤波，得到的结果分别如图 6.13（a）和图 6.13（b）所示。

（a）利用H_1卷积图像的结果　　　　（b）利用H_2卷积图像的结果

图 6.13　滤波结果

　　梯度处理经常用于工业检测、辅助人工检测缺陷、自动检测的预处理。将一幅梯度图像定义为

$$D_x = \boldsymbol{H}_1 * I, D_y = \boldsymbol{H}_2 * I \tag{6.15}$$

局部边缘强度定义为

$$E(x, y) = \sqrt{D_x^2 + D_y^2} \tag{6.16}$$

局部边缘角度定义为

$$\phi(x, y) = \arctan\left(\frac{D_x}{D_y}\right) \tag{6.17}$$

例 6.1　运用两个 Sobel 算子处理图 6.14 所示的电子显微镜图像。

图 6.14　电子显微镜图像

```
H1=[-1 0 1;-2 0 2;-1 0 1];      % 定义两个 Sobel 算子
H2=[-1 -2 -1;0 0 0;1 2 1];
f1=im2double(f);                % 将图像 f 转换成双精度类型
G1=imfilter(f1,H1,'replicate'); % 实现线性滤波
G2=imfilter(f1,H2,'replicate');
```

```
G=sqrt(G1.*G1+G2.*G2);           % 求边缘强度
imshow(G,[]);
f2=f+uint8(G);
figure;imshow(f2,[])
```

程序运行结果如图 6.15 所示。

Sobel 算子得到的边缘强度

求和得到的锐化图像

图 6.15　程序运行结果

由图 6.15 可以发现，该图像的细节比原始图像清晰。将原始图像加入 Sobel 处理结果汇总，使图像中的各灰度值还原，并且通过 Sobel 算子锐化增强了图像中灰度突变处的对比度。

6.3　基于二阶微分的图像锐化

基于二阶
微分的图
像锐化

拉普拉斯算子是常用的边缘增强处理算法，它是各项同性的二阶导数。设一个连续的二元函数 $f(x,y)$，其拉普拉斯变换定义为

$$\nabla^2 f = \frac{\partial^2 f}{\partial x^2} + \frac{\partial^2 f}{\partial y^2} \qquad (6.18)$$

因为任意阶微分都是线性操作，所以拉普拉斯变换也是线性操作。为了更适合数字图像处理，式（6.18）需要表示为离散形式。利用差分定义二阶微分，考虑到有两个变量，在 x 方向上的二阶偏微分定义为

$$\frac{\partial^2 f}{\partial x^2} = f(x+1,y) + f(x-1,y) - 2f(x,y) \qquad (6.19)$$

在 y 方向上的二阶偏微分定义为

$$\frac{\partial^2 f}{\partial y^2} = f(x,y+1) + f(x,y-1) - 2f(x,y) \qquad (6.20)$$

式（6.18）中的二维拉普拉斯算子可以由 x 方向和 y 方向上的两个分量相加得到：

$$\nabla^2 f = \left[f(x+1,y) + f(x-1,y) + f(x,y+1) + f(x,y-1) - 4f(x,y) \right] \qquad (6.21)$$

类似于一阶微分的情形，离散图像函数的二阶微分也可以由一系列线性滤波器估计，同样存在许多方案，比如二阶偏微分定义可以用两个一维滤波器表示，x 方向 $\boldsymbol{H}_x$ 为行向量，y 方向 $\boldsymbol{H}_y$ 为列向量。

$$\boldsymbol{H}_x = \begin{bmatrix} 1 & -2 & 1 \end{bmatrix} \qquad (6.22)$$

$$\boldsymbol{H}_y = \begin{bmatrix} 1 \\ -2 \\ 1 \end{bmatrix} \qquad (6.23)$$

可以分别求出 x 方向和 y 方向的二阶微分，再将它们合起来形成一个二维拉普拉斯滤波器：

$$\boldsymbol{H} = \boldsymbol{H}_x + \boldsymbol{H}_y = \begin{bmatrix} 0 & 1 & 0 \\ 1 & -4 & 1 \\ 0 & 1 & 0 \end{bmatrix} \qquad (6.24)$$

式（6.24）中得到的是最常见的一种拉普拉斯掩模，它的中心点系数为 −4，周围 4 个点系数为 1，对角方向的系数为 0，如图 6.16（a）所示。类似于梯度滤波器，所有拉普拉斯掩模的滤波系数之和都是 0。因此它在灰度为常数的平坦区域响应为 0。还有一种常用的 3×3 拉普拉斯掩模，如图 6.16（b）所示。图 6.16（c）和图 6.16（d）所示的两种拉普拉斯掩模也经常在实践中使用，这两个掩模也是以拉普拉斯变换定义为基础的，只是其中的系数分别与图 6.16（a）和图 6.16（b）中的符号相反，但产生了等效的结果。当经拉普拉斯滤波后的图像与其他图像合并时，必须考虑符号的差别。

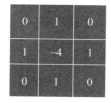
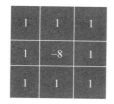
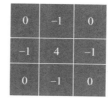
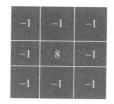

（a）拉普拉斯掩模1　　（b）拉普拉斯掩模2　　（c）拉普拉斯掩模3　　（d）拉普拉斯掩模4

图 6.16　四种 3×3 拉普拉斯滤波器

由于拉普拉斯是一种微分算子，因此它的应用强调图像中的灰度突变及减弱灰度缓慢变化的区域，从而产生一幅将图像中的浅灰色边线和突变点叠加到暗背景的图像。一种简单的方法是将原始图像和经拉普拉斯变换后的图像叠加，得到锐化的效果，同时复原背景信息。

如果使用的拉普拉斯掩模的中心点系数为负数，则必须用原始图像减去经拉普拉斯变换后的图像，得到锐化的效果。

使用拉普拉斯变换使图像锐化的基本方法可总结为下式：

$$g(x,y) = \begin{cases} f(x,y) - \nabla^2 f(x,y) & \text{拉普拉斯掩模的中心点系数为负数} \\ f(x,y) + \nabla^2 f(x,y) & \text{拉普拉斯掩模的中心点系数为正数} \end{cases} \quad (6.25)$$

例 6.2 图 6.17 所示是一幅较模糊的月球北极图像，使用拉普拉斯变换将图像锐化。

图 6.17 较模糊的月球北极图像

利用 fspecial 函数生成并显示一个拉普拉斯滤波器。

```
>>W=fspecial('laplacian',0)
W=
     0      1      0
     1     -4      1
     0      1      0
```

也可以手动指定滤波器的形状，例如输入如下代码会产生相同滤波器。

```
>>W=[0 1 0;1 -4 1;0 1 0]
W=
     0      1      0
     1     -4      1
     0      1      0
```

使用滤波器输入图像 f。

```
>>g1=imfilter(f,W,'replicate');
>>imshow(g1,[])
```

程序运行结果如图 6.18 所示。

这里存在一个问题，输入图像 f 是 uint8 类型的，输出图像 g_1 也是 uint8 类型的，所有负值都被截掉了，可以通过在滤波前将输入图像 f 转换成 double 类型。最小像素值、负值显示为黑色，最大像素值、正值显示为白色，0 值显示为灰色。

```
>>f2=im2double(f);
>>g2=imfilter(f2,W,'replicate');
>>imshow(g2,[])
```

程序运行结果如图 6.19 所示。

图 6.18 程序运行结果

图 6.19 程序运行结果

用从原始图像中减去经拉普拉斯变换后的图像, 还原失去的灰色色调, 得到使用拉普拉斯变换将图像锐化的结果。

```
>>g=f2-g2;
>>imshow(g,[])
```

程序运行结果如图 6.20 所示。

图 6.20 程序运行结果

实际上, 图像锐化除了使用以上方法外, 还可以使用单一掩模的一次扫描实现。当掩模中心点系数为负数时,

$$
\begin{aligned}
g(x,y) &= f(x,y)-\left[f(x+1,y)+f(x-1,y)+f(x,y+1)+f(x,y-1)-4f(x,y)\right] \\
&= 5f(x,y)-\left[f(x+1,y)+f(x-1,y)+f(x,y+1)+f(x,y-1)\right]
\end{aligned}
\tag{6.26}
$$

可以得到对应的拉普拉斯掩模的中心点系数为 5，周围 4 个点系数为 –1，对角方向的系数为 0。

实际上，在拉普拉斯算子的中心处加 1 相当于加上了图像本身。还有一种常用的拉普拉斯算子的变形，中心点系数为 9，周围 8 个点系数为 –1，利用这些线性滤波器可以实现图像锐化。

例 6.3　分别使用中心点系数为 5、周围 4 个点系数为 –1 和中心点系数为 9、周围 8 个点系数为 –1 的拉普拉斯算子的变形实现图像锐化。

利用 fspecial 函数得到两个拉普拉斯掩模，其中心点系数分别是 5 和 9，如图 6.21 所示。

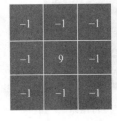

　（a）拉普拉斯掩模1　　　（b）拉普拉斯掩模2

图 6.21　两个拉普拉斯掩模

分别利用 imfilter 函数实现使用锐化滤波器进行线性滤波，得到两幅锐化的图像。

```
>>w1=[0 -1 0;-1 5 -1;0-1 0];
>>g1=imfilter(f,wl,'replicate')
>>imshow(g1,[])
```

程序运行结果如图 6.22 所示。

```
>>w2=[-1 -1 -1;-1  9 -1;-1 -1 -1];
>>g2=imfilter(f,w2,'replicate');
>>imshow(g2.[])
```

程序运行结果如图 6.23 所示。

图 6.22　程序运行结果　　　　　　**图 6.23　程序运行结果**

可以看出，算子不同，锐化的效果不同。第二种拉普拉斯掩模得到的图像比第一种拉普拉斯掩模得到的图像清晰。

本章小结

本章介绍了空间域图像锐化的相关知识。图像锐化的主要目的是突出图像中的细节或者增强模糊的细节。6.1 节主要介绍了边缘与微分的概念，一般情况下，可以把边缘分成三类：斜坡形边缘、细线型突变边缘、阶梯状边缘。6.2 节介绍了基于一阶微分的图像锐化，同时学习了 Roberts 算子、Prewitt 算子和 Sobel 算子。Roberts 算子是最简单的边缘检测算子。6.3 节介绍了基于二阶微分的图像锐化，同时介绍了拉普拉斯算子。拉普拉斯算子是常用的边缘增强处理算法，它是各向同性的二阶导数。

本章习题

1. 使用一阶微分算子与二阶微分算子提取图像的细节信息时，有什么异同？

2. 如果一幅图像经过均值滤波后变模糊了，那么采用锐化算法处理该模糊图像是否可以使图像变得清晰一些？为什么？

3. 设图像

$$f = \begin{bmatrix} 1 & 5 & 255 & 100 & 200 & 200 \\ 1 & 7 & 254 & 101 & 10 & 9 \\ 3 & 7 & 10 & 100 & 2 & 6 \\ 1 & 0 & 8 & 7 & 2 & 1 \\ 1 & 1 & 6 & 50 & 2 & 2 \\ 2 & 3 & 9 & 7 & 2 & 0 \end{bmatrix},$$

分别采用 Roberts 算子和 Sobel 算子将其锐化，并分析结果。

4. 找一幅简单的图像，编写程序。

（1）用 Roberts 算子处理，求出该图像的梯度，并显示出来。

（2）用 Sobel 算子处理并显示结果。

（3）用 Prewitt 算子处理并显示结果。

（4）用拉普拉斯算子处理并显示结果。

知识扩展

用算术 / 逻辑操作进行图像增强

图像中的算术 / 逻辑操作主要以像素对像素为基础在多幅图像间进行（不包含逻辑"非"操作，它在单影像中进行）。例如，两幅图像相减产生一幅新图像，这幅新图像在坐标 (x, y) 处的像素值与两幅相减处理的图像中同一位置的像素值不同。使用硬件和软件可以实现对图像像素的算术 / 逻辑操作，这种操作可以一次处理一个点，也可以并行进行，即全部操作同时进行。

对图像的逻辑操作也是基于像素的。我们关心的只是"与""或""非"逻辑算子的实现，这三种逻辑算子完全是函数化的。换句话说，任何其他逻辑算子都可以由这三个基本算子实现。当我们对灰度图像进行逻辑操作时，像素值作为一个二进制字符串处理。

在四种算术操作中，减法与加法在图像增强处理中最有用。我们简单地把两幅图像相除看成用一幅取反图像与另一幅图像相乘。除了用一个常数与图像相乘以增大平均灰度的操作以外，图像乘法主要用于比前面讨论的逻辑模板处理更广泛的模板操作增强处理。换句话说，用一幅图像乘另一幅图像可直接用于灰度处理，而不仅是对二进码模板处理。

两幅图像 $f(x,y)$ 与 $h(x,y)$ 的差异表示为 $g(x,y)=f(x,y)-h(x,y)$，图像的差异是通过计算这两幅图像所有对应像素点的差得出的。减法处理的主要作用是增强两幅图像之间的差异。一幅图像的高阶比特面会携带大量可见细节，低阶比特面则分布着一些细小的细节。

假设一幅将噪声 $\eta(x,y)$ 加入原始图像 $f(x,y)$ 中形成的带有噪声的图像，即 $g(x,y)=f(x,y)+\eta(x,y)$，这里假设每个坐标点上的噪声都不相关且均值为零。我们的处理目标就是通过累积一组噪声图像 $\{g_i(x,y)\}$ 来减少噪声。如果噪声符合上述限制，则得到对 K 幅不同噪声图像取平均形成的图像 $\bar{g}(x,y)$，即 $\bar{g}(x,y)=\dfrac{1}{K}\sum_{i=1}^{k}g_i(x,y)$，那么 $E\{\bar{g}(x,y)\}=f(x,y)$，$\sigma_{\bar{g}(x,y)}^2=\dfrac{1}{K}\eta_{(x,y)}^2$。其中所有坐标点 (x,y) 上，$E\{\bar{g}(x,y)\}$ 是 $\bar{g}(x,y)$ 的期望，$\sigma_{\bar{g}(x,y)}^2$ 与 $\eta_{(x,y)}^2$ 分别是 $\bar{g}$ 与 η 的方差。在平均图像中，任一点的标准差为 $\sigma_{\bar{g}(x,y)}=\dfrac{1}{\sqrt{K}}\sigma_{\eta(x,y)}$。当 K 增大时，$\sigma_{\bar{g}(x,y)}^2=\dfrac{1}{K}\eta_{(x,y)}^2$ 与 $\sigma_{\bar{g}(x,y)}=\dfrac{1}{\sqrt{K}}\sigma_{\eta(x,y)}$ 指出，在各 (x,y) 位置上像素值的噪声变化率减小。由于 $E\{\bar{g}(x,y)\}=f(x,y)$，因此随着在图像均值处理中噪声图像使用量的增大，$\bar{g}(x,y)$ 越来越趋于 $f(x,y)$。在实际应用中，为了防止在输出图像中引入模糊及其他人为影响，图像 $g(x,y)$ 必须配准。

当噪声加入一幅图像中时，在图像求平均处理的某些实现过程中可能会出现负值。实际上，在刚刚给出的例子中，这是更精确的情况，因为具有零均值和非零方差的高斯随机变量具有负值及正值。

第 7 章

变换域图像增强

课时：本章建议 4 课时。

教学目标

1. 掌握傅里叶变换在图像处理中的应用。
2. 了解信号的合成与分解。
3. 掌握频域滤波的基本概念和基本步骤。
4. 了解获取频域滤波器的方法。
5. 掌握使用高通滤波实现图像频域锐化。

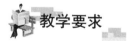

教学要求

知识要点	能力要求	相关知识
傅里叶变换在图像处理中的应用	1. 掌握傅里叶变换在图像处理中的应用 2. 了解信号的合成与分解 3. 掌握傅里叶变换的 MATLAB 实现	傅里叶变换
频域滤波原理及实现	1. 掌握频域滤波的基本概念和基本步骤 2. 掌握频域滤波过程的 MATLAB 实现	频域滤波
频域滤波器及频域图像增强实现	1. 了解用空间滤波器获取频域滤波器 2. 了解直接在频域生成滤波器 3. 掌握使用高通滤波实现图像频域锐化	空间滤波器、频域滤波器、高通滤波

思维导图

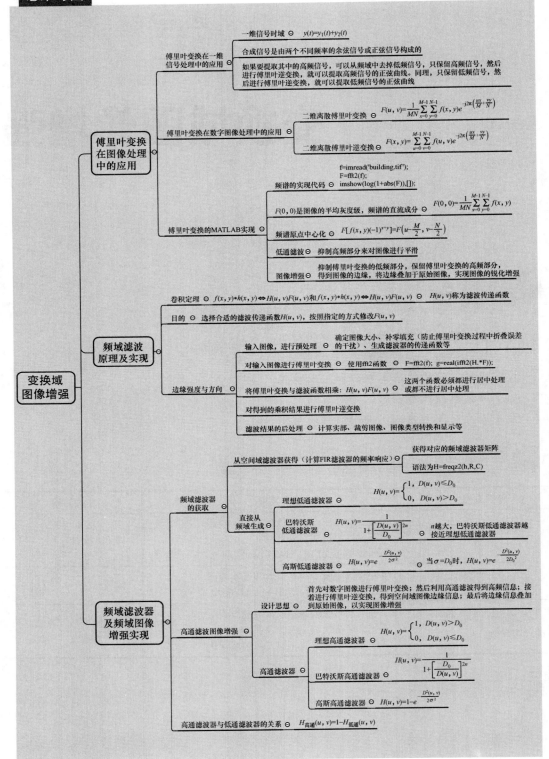

7.1 傅里叶变换在图像处理中的应用

傅里叶变换在图像处理中的应用

前面章节讨论了空间域图像增强的方法，重点介绍了空间线性滤波在图像处理中的应用。本章从频域角度实现数字图像增强，通过傅里叶变换在频域实现对数字图像的滤波处理。

7.1.1 傅里叶变换在一维信号处理中的应用

图 7.1 所示是一个合成信号，该信号是随着时间的推移发生变化的一维信号，由两个具有不同频率的余弦信号叠加而成。仅从时间的角度看该信号，无法判断出这两个组成信号的形状（频率），也无法从时域分离这两个组成信号。

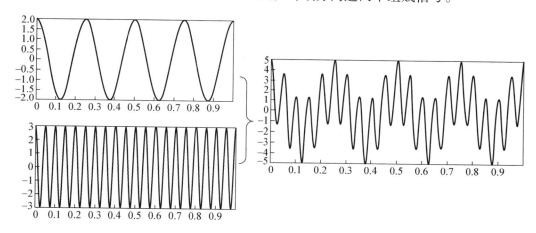

图 7.1 合成信号

图 7.2 所示是对合成信号进行傅里叶变换后得到的单边频谱图，得到了从频域角度看待该合成信号的图形。

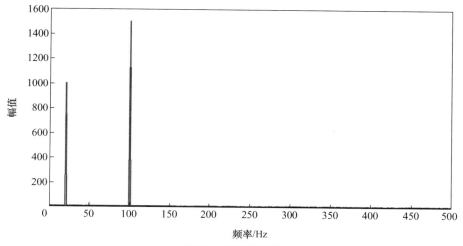

图 7.2 单边频谱图

实现合成信号的图形的 MATLAB 程序如下。

```
Fs=1000;
T=1./Fs;
L=1000;
t=(0:L-1)*T;
y1=2*cos(2*pi*20*t);
figure,plot(t,y1,'b','LineWidth',2);
y2=3*cos(2*pi*100*t);
figure,plot(t,y2,'g','LineWidth',2);
y=y1+y2;
figure;plot(t,y,'r','LineWidth',2);
yfft=fft(y);
n=0:(L-1);
f=n*Fs/L;
figure; plot(f(1:L/2),abs(yfft(1:L/2)),'r');
```

观察图 7.2 可发现，如果从频域角度分析这两个随时间不断变化的周期信号，则频域是静止不动的。可以看出，合成信号是由两个不同频率的余弦信号或正弦信号组成的，一个信号的频率为 20Hz，另一个信号的频率为 100Hz，该频谱的高度对应幅值。通过傅里叶变换后，就能看到不同频率的分量。如果要提取其中的高频信号，可以从频域中去掉低频信号，只保留高频信号，再进行傅里叶逆变换，就可以提取高频信号的正弦曲线。同理，只保留低频信号，再进行傅里叶逆变换，就可以提取低频信号的正弦曲线。图 7.3 所示是两个余弦信号分量的时域信号图。

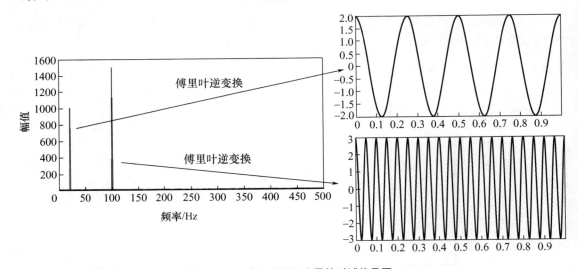

图 7.3　两个余弦信号分量的时域信号图

通过以上分析可知，时域变化的信号可以通过频域分析检测出若干固定的频率，因此傅里叶变换不仅是一种数学运算工具，而且提供了一个看待问题的新角度。

7.1.2　傅里叶变换在数字图像处理中的应用

二维数字图像经过二维离散傅里叶变换后，就得到了图像的傅里叶变换。根据一维傅里叶变换的定义和二维离散傅里叶变换理论，具有 $M \times N$ 个样本值的两位离散序列 $f(x,y)(x = 0,1,2,3,\cdots,M-1; y = 0,1,2,3,\cdots,N-1)$ 的傅里叶变换为

$$F(u,v) = \frac{1}{MN} \sum_{x=0}^{M-1} \sum_{y=0}^{N-1} f(x,y) e^{-\mathrm{j}2\pi\left(\frac{ux}{M}+\frac{vy}{N}\right)}$$

（7.1）

$$u = 0,1,2,3,\cdots,M-1; v = 0,1,2,3,\cdots,N-1$$

式中，x 和 y 是空间坐标；u 是对应于 x 轴的空间频率分量；v 是对应于 y 轴的空间频率分量。

图像及其频谱如图 7.4 所示。其中图 7.4（a）是原始图像；图 7.4（b）是傅里叶变换的幅度，称为傅里叶频谱，频谱所在的频域系统是由 $F(u,v)$ 组成的坐标系，其 u 和 v 用作频率变量。二维离散傅里叶变换是将 xy 组成的空间坐标系的分析角度转换为由 uv 组成的频域坐标系的角度。

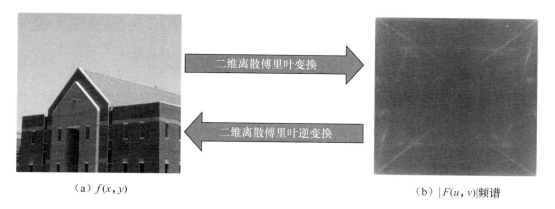

（a）$f(x,y)$　　　　　　　　　　　　　　　（b）$|F(u,v)|$频谱

图 7.4　图像及其频谱

若给定数字图像的二维离散傅里叶变换 $F(u,v)(u = 0,1,2,3,\cdots,M-1; v = 0,1,2,3,\cdots,N-1)$，则可以借助二维离散傅里叶逆变换计算得到 $f(x,y)$。

$$f(x,y) = \sum_{u=0}^{M-1} \sum_{v=0}^{N-1} F(u,v) e^{\mathrm{j}2\pi\left(\frac{ux}{M}+\frac{vy}{N}\right)}$$

（7.2）

$$x = 0,1,2,3,\cdots,M-1; y = 0,1,2,3,\cdots,N-1$$

7.1.3　傅里叶变换的 MATLAB 实现

在实际应用中，傅里叶变换和傅里叶逆变换可以通过快速傅里叶变换算法实现。实现图 7.4（b）的代码如下。

```
f=imread('building.tif');
F=fft2(f);
imshow(log(1+abs(F)),[]);
```

由式（7.1）可以得到 $(u,v)=(0,0)$ 的变换值

$$F(0,0) = \frac{1}{MN}\sum_{x=0}^{M-1}\sum_{y=0}^{N-1} f(x,y) \tag{7.3}$$

其为 $f(x,y)$ 的平均值。换句话说，如果 $f(x,y)$ 是一幅图像，在原点的傅里叶变换等于图像的平均灰度级。因为原点处常常为零，所以 $F(u,v)$ 有时称为频率谱的直流成分。傅里叶变换后的图像如图 7.5 所示。

图 7.5　傅里叶变换后的图像

为了便于分析，常将傅里叶变换的原点移动到频率矩形的中心。通过推导可以发现，图像乘以 $(-1)^{x+y}$ 后进行傅里叶变换，可以将频谱的原点变换到中心，同时简化了频谱的视觉分析。

$$F\left[f(x,y)(-1)^{x+y}\right] = F\left(u-\frac{M}{2}, v-\frac{N}{2}\right) \tag{7.4}$$

在使用 MATLAB 处理时，只要使用 fftshift 函数就可以实现频谱数据重新排列。

例 7.1　在 MATLAB 环境中对频谱进行原点中心化。

```
f=imread('building.tif');
F=fft2(f);
S=fftshift(log(1+abs(F)));          % 利用对数变换增强视觉效果
imshow(S,[]);
```

程序运行结果如图 7.6 所示。

在图 7.7（a）中，图像 $f(x,y)$ 的频谱原点在左边，重排之后频谱原点移到了中心，如图 7.7（b）所示。图 7.7（c）和图 7.7（d）展示了利用 fftshift 函数实现原点居中前后的频谱对应关系如图 7.7（c）所示。图 7.7（d）的中心点处的频谱值与图 7.7（c）左上角原点

的频谱值相等。图 7.7（d）中 $(M-1, N-1)$ 处的频谱值与图 7.7（c）中 $(M/2-1, N/2-1)$ 处的频谱值相等。频谱重排后，傅里叶变换的原点 $F(0,0)$ 就设置到了中心。

图 7.6 程序运行结果

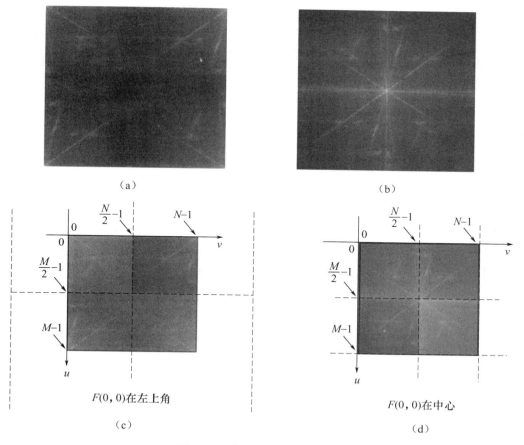

（a）

（b）

$F(0,0)$ 在左上角

（c）

$F(0,0)$ 在中心

（d）

图 7.7 原点居中的频谱重排原理

将傅里叶频谱原点移到中心后，可以直观地分析傅里叶变换在图像处理中的应用。

图7.8中小圆圈部分对应数字图像的低频部分，中心位置频率为0，是直流分量，低频部分对应原始图像灰度变化平坦区域，高频部分对应灰度变化剧烈（边缘或噪声）区域。建立傅里叶变换频谱的频域和空间域的对应关系后，就建立起傅里叶变换的应用思路了。

傅里叶变换在数字图像处理中的一个典型应用是图像平滑，正如前面分析的，边缘和其他尖锐变化在图像灰度级中主要处于傅里叶变换的高频部分。对于Lena图像[图7.9（a）]，可以得到中心化的频谱，如图7.9（b）所示。可以通过抑制高频部分平滑图像，称为低通滤波。低通滤波器对应的图像中心部分为1，周围高频部分为0，即对图像进行了高频抑制[图7.9（c）]，实现图像平滑，如图7.9（d）所示。

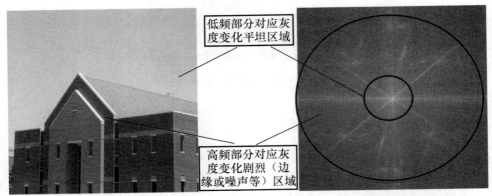

低频部分对应灰度变化平坦区域

高频部分对应灰度变化剧烈（边缘或噪声等）区域

（a）空间域图像$f(x,y)$　　　　　（b）中心化的频谱$|F(u,v)|$

图7.8　低频分量与高频分量

（a）原始图像　　　　（b）中心化的频谱　　　　（c）高频抑制　　　　（d）图像平滑

图7.9　图像平滑过程

低通滤波进行图像平滑在印刷和出版业常用于填充文字的裂缝，修复字符的断裂、污点和折痕。低通滤波在人脸方面主要用于减小皮肤细纹的锐化程度和减少斑点，起一定的磨皮作用，因为平滑后尖锐的图像看起来比较柔和。

傅里叶变换在数字图像处理中的另一个重要应用是图像增强，图像增强过程如图7.10所示。抑制傅里叶变换的低频部分，保留傅里叶变换的高频部分，得到图像的边缘，将边缘叠加到原始图像可实现图像锐化增强。

（a）原始图像 （b）中心化的频谱 （c）低频抑制 （d）图像增强

图 7.10 图像增强过程

对二维数字图像进行二维离散傅里叶变换后，可以在频域分析图像。如果把频谱的原点中心化，则频谱的中心对应图像的低频部分，频谱的外围部分对应图像的高频部分。弱化高频、保留低频可以实现图像平滑，弱化低频、强化高频可以实现图像增强。

7.2 频域滤波原理及实现

7.2.1 频域滤波的基本概念

实际上，空间域和频域线性滤波的基础都是卷积定理。卷积定理可以写为

$$f(x,y)*h(x,y) \Longleftrightarrow H(u,v)F(u,v) \tag{7.5}$$

和

$$f(x,y)h(x,y) \Longleftrightarrow H(u,v)*F(u,v) \tag{7.6}$$

式中，符号"*"表示两个函数的卷积，双箭头两边的表达式组成了傅里叶变换对。

空间域两个函数 $f(x,y)$ 与 $h(x,y)$ 乘积的傅里叶变换对应这两个函数的傅里叶变换的卷积。由于频域滤波可简化时域卷积的运算复杂度，因此往往利用式（7.5）进行频域滤波处理。空间域滤波由图像 $f(x,y)$ 与滤波掩模 $h(x,y)$ 组成，可以利用 imfilter 函数实现线性空间滤波，实际上计算的是空间域卷积。从频域角度处理滤波，可以在频域中用 $F(u,v)$ 乘以 $H(u,v)$，再对乘积进行傅里叶逆变换。$H(u,v)$ 称为滤波传递函数，频域滤波中 $H(u,v)$ 的选择很关键，根据 $H(u,v)$ 的不同，可以对 $F(u,v)$ 进行不同方式的修改。因此，频域滤波的目的是选择一个滤波器传递函数 $H(u,v)$，以便按照指定的方式修改 $F(u,v)$。频域滤波过程如图 7.11 所示。

图 7.11（a）所示是一个滤波器的传递函数，乘以 $f(x,y)$ 的傅里叶变换［图 7.11（b）］，并对得到的结果进行傅里叶逆变换，计算结果的实部，得到经过滤波处理后的数字图像［图 7.11（c）］。此处没有对传递函数和图像频谱进行居中处理。实现该过程的关键代码如下。

（a）传递函数$H(u,v)$　　　　　（b）$|F(u,v)|$频谱　　　　　（c）频域滤波结果

图 7.11　频域滤波过程

```
F=fft2(f);
g=real(ifft2(H.*F));
```

注意这里的矩阵对应相乘一定要用点乘。

如果对传递函数进行居中处理，则可以得到非常直观的线框图。同理，对图像频谱进行居中处理，相乘后进行傅里叶逆变换，可以实现频域滤波。这里的传递函数会衰减 $F(u,v)$ 的高频分量，保持低频分量，傅里叶逆变换得到的图像模糊，如图 7.12 所示。保留低频、抑制高频的滤波器，称为低通滤波器。低通滤波器能实现图像平滑，高通滤波器能实现图像锐化。

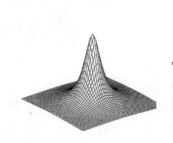

（a）传递函数$H(u,v)$，原点居中　　（b）$|F(u,v)|$频谱，原点居中　　（c）频域滤波结果

图 7.12　原点居中处理的频域滤波过程

7.2.2　频域滤波过程

频域滤波过程如图 7.13 所示。

（1）输入图像的预处理阶段，包括确定图像尺寸、为了防止傅里叶变换过程中折叠误差的干扰而进行的补零填充、生成滤波器传递函数等。

（2）傅里叶变换，对输入图像进行傅里叶变换，可以使用 MATLAB 环境中的 **fft2** 函数。

（3）将传递函数与图像频谱相乘，这两个函数要么都进行居中处理，要么都不进行居中处理。

（4）对得到的乘积进行傅里叶逆变换。

（5）进行滤波后处理，包括计算结果的实部、裁剪图像、图像类型转换和显示等操作。

以上就是频域滤波操作的整个过程，把空间域转换为频域，处理后再转换为空间域。空间域滤波实现 $f(x, y)$ 和 $h(x, y)$ 的卷积，$h(x, y)$ 称为空间滤波器。

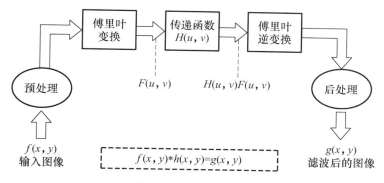

图 7.13　频域滤波过程

空间域滤波计算示意如图 7.14 所示。

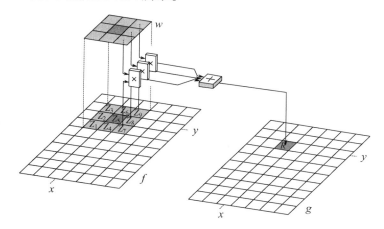

图 7.14　空间域滤波计算示意

图 7.14 中，w 是空间域滤波器，也称模板或卷积核。首先把空间滤波器的中心与图像上的每个像素点进行叠加，该滤波器覆盖在图像上对应位置的一个区域，滤波器中心压住的点是正在计算的处理对象点，处理后的值是模板和图像对应区域点对应相乘再相加的结果，存放在缓存中。然后滤波器在图像上移动，计算下一个点，直到把整幅图像都计算一遍。

$$R = w_1 Z_1 + w_2 Z_2 + \cdots + w_9 Z_9 = \sum_{i=1}^{9} w_i Z_i \qquad (7.7)$$

这种空间域处理方法非常直观，也比较好理解，但是存在一个问题——运算量比较大。因为卷积操作有四次循环（图像本身的遍历需要两次循环，滤波器遍历也需要两次

循环），滤波器或卷积核越来越大，运算复杂度也会越来越大。与空间域滤波相比，频域滤波通过傅里叶变换将图像从空间域转换为频域处理，傅里叶变换可以使用快速傅里叶变换算法实现。

7.2.3　频域滤波过程的 MATLAB 实现

频域滤波过程会在后续章节经常用到，可以编写一个函数实现频域滤波，在 .m 文件中建立一个函数，函数的输入参数有输入图像和滤波函数，函数体处理的是频域滤波过程，函数的输出为滤波后的图像，具体代码如下。

```
function g=dftfilt(f,H)
F=fft2(f,size(H,1),size(H,2));
S=H.*F;
S1=ifft2(S);
g=real(S1);
end
```

定义好函数后，只要输入实际参数 *f* 和 *H*，就可以获得滤波后的图像 *g*，代码如下。

```
g=dftfilt(f,H);
```

一般获取传递函数有两种方法：从空间域滤波器获取和直接在频域生成。

7.3　频域滤波器及频域图像增强实现

频域滤波器
及频域图像
增强实现

实现频域滤波的关键是选取滤波函数，因为不同滤波函数乘以傅里叶变换修改了原始图像，得到不同的滤波效果。本节继续学习频域滤波器的获取方法。

7.3.1　空间域滤波器获取频域滤波器

频域滤波器可以从空间域滤波器获取，讨论的对象是有限长单位冲激响应（Finite Impulse Response，FIR）滤波器，空间域滤波器到频域滤波器的转换实际上是计算 FIR 滤波器的频率响应。

freqz2 函数用于计算 FIR 滤波器的频率响应，获得对应的频域滤波器矩阵。语法为

```
H=freqz2(h,R,C)
```

其中，h 是已知的二维空间域滤波器；H 是相应的二维频域滤波器；R 是滤波器的行数；C 是滤波器的列数。如果直接使用 freqz2(h)，则无输出参数，运行结果就是 H 以三维透视图显示出来的图形。

例 7.2　空间域滤波与频域滤波的比较。

对图 7.15 所示的灰度图像进行空间域滤波，使用 Prewitt 算子，将空间滤波器转换为频域滤波器，对图像进行频域滤波，比较滤波效果。

图 7.15　灰度图像

```
f=imread('building.tif');
imshow(f);
```

可以对图像进行傅里叶变换，为了明显看到低频部分和高频部分，可以对频谱进行移位，将原点中心化，还可以使用对数变换增强频谱图像的视觉效果。

```
F=fft2(f);
S=fftshift(log(1+abs(F)));
imshow(S,[]);
```

程序运行结果如图 7.16 所示。

图 7.16　程序运行结果

从图 7.16 可以看到，频谱中心的低频部分对应图像中变化平缓的区域，频谱外围的高频部分对应图像的边缘。

空间域滤波器 Prewitt 算子可以直接输入矩阵，也可以使用 fspecial 函数生成矩阵，从而得到空间域滤波器 h。

```
>>h=fspecial('prewitt')
h=
     1     1     1
     0     0     0
    -1    -1    -1
```

利用 freqz2 函数得到空间域滤波器 h 对应的频域滤波器 H。

```
>>H=fre1z2(h,size(f,1),size(f,2))
```

可以不带输出参数查看频域滤波器的频谱图，也可以使用 colormap（gray）将频域滤波器线框图的彩色转换为灰色。图 7.17 所示为 Prewitt 算子对应的频域滤波器频谱图。

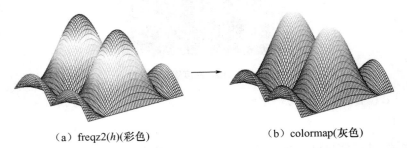

（a）freqz2(h)(彩色) （b）colormap(灰色)

图 7.17　Prewitt 算子对应的频域滤波器频谱图

在图 7.18 中，左上方图像为灰色线框图，可以用 imshow 函数以图形显示传递函数，得到右上方图像。如果对前面数字图像的频谱进行了原点居中处理，则也需要对频域滤波器进行原点居中处理，得到左下方图像。居中处理后的频域滤波器的图像可以显示出来，得到右下方图像。因此，在图 7.18 中，左边两幅图像是居中前后的频域滤波器的线框图，右边两幅图像是左边两幅图像对应的图像显示。

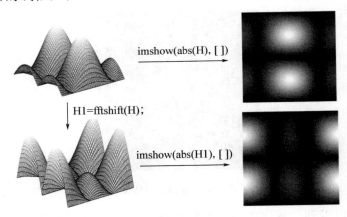

imshow(abs(H), [ ])

H1=fftshift(H);

imshow(abs(H1), [ ])

图 7.18　频域滤波器原点居中处理前后示意

空间域滤波可以使用 imfilter 函数实现，空间域滤波结果用 Gs 表示，前面已经讲过 imfilter 函数的具体语法解释，可以在命令窗口中输入 help 命令获得详细解释。

```
Gs=imfilter(double(f),h);
imshow(Gs,[]);
```

程序运行结果如图 7.19 所示。

图 7.19 程序运行结果

前面已经讲过频域滤波过程，并且为滤波过程自定义了一个函数 dftfilt，下面只需调用这个函数，频域滤波结果用 Gf 表示。

```
Gf=dftfilt(f,H1);
imshow(Gf,[]);
```

程序运行结果如图 7.20 所示。

由于这两个结果矩阵是有正也有负的实数，因此图像的灰色部分显示值为 0 的部分，也可以进一步处理空间域滤波结果 Gs 和频域滤波结果 Gf，得到两幅阈值化的二值图像。阈值的选取可以参考如下代码，阈值分割后，可以清楚地看到凸出的水平边缘。

```
imshow(abs(Gs)>0.2*abs(max(Gs(:))));
```

程序运行结果如图 7.21 所示。

图 7.20 程序运行结果

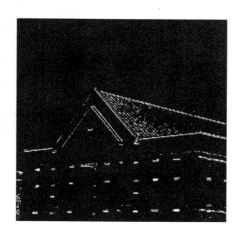

图 7.21 程序运行结果

```
imshow(abs(Gf)>0.2*abs(max(Gf(:))));
```

程序运行结果如图 7.22 所示。

图 7.22　程序运行结果

7.3.2　直接在频域生成滤波器

频域滤波器直接从频率的角度对图像进行傅里叶变换。在傅里叶变换中，低频部分集中在距中心化频谱图中心比较近的区域，如图 7.23 中小圆圈标记的区域，主要决定图像在平滑区域的总体灰度级的显示；距中心化频谱图中心较远的区域（图 7.23 中大圆圈标记的区域）是高频部分，主要决定图像的边缘或噪声等细节部分。

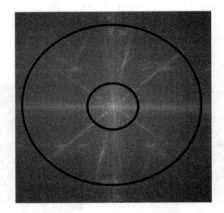

图 7.23　中心化频谱 $|F(u,v)|$

直接生成频域滤波器需要考虑抑制低频还是抑制高频。一般来说，低通滤波器的特性是保留低频、衰减高频，高通滤波器的特性是保留高频、衰减低频。下面具体了解三种低通滤波器。

（1）第一种低通滤波器是理想低通滤波器，图 7.24（a）所示是灰度显示的线框图，图 7.24（b）所示是对应的二维平面图。从二维平面图可以很直观地看出，中间半径 D_0 内的区域值为 1，半径 D_0 外的区域值为 0，将它与图像的傅里叶变换相乘，可以保留低频、去掉高频。

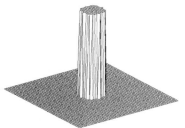

（a）灰度显示的线框图

（b）二维平面图

图 7.24 灰度显示的线框图与二维平面图

低通滤波器传递函数可以定义如下：给定一个半径 D_0，小于半径的区域值为 1，大于半径的区域值为 0。D_0 一定是非负数，$D(u,v)$ 是点 (u,v) 到原点的距离。

$$H(u,v) = \begin{cases} 1, & D(u,v) \leqslant D_0 \\ 0, & D(u,v) > D_0 \end{cases} \tag{7.8}$$

D_0 可以自己设定，比如可以取频域矩阵宽度的 $\frac{1}{20}$。如果傅里叶变换没有将原点移位，原点在图形左上角，则可以自定义一个函数，计算每个点到 $F(0,0)$ 的距离，具体代码如下。

```
function[U,V]=dftuv(M,N)
u=0:(M-1);
v=0:(N-1);
idx=find(u>M/2);
u(idx)=u(idx)- M;
idy=find(v>N/2);
v(idy)=v(idy)- N;
[V,U]=meshgrid(v,u);
end
```

可以通过以下方式创建理想低通滤波器的过程。首先，计算具有频域周期排列特性的 M 行 N 列矩阵中每个点到原点的 u 方向距离和 v 方向距离；然后通过 $D = \sqrt{u^2 + v^2}$ 计算每个点与原点的直线距离；最后利用条件判断语句生成逻辑矩阵 H，当 $D < D_0$ 时，滤波器矩阵的值为 1，具体代码如下。

```
D0=0.05*M;
[U,V]=dftuv(M,N);
D=sqrt(U.^2+V.^2);
H=double(D<=D0);
```

（2）第二种低通滤波器为巴特沃斯低通滤波器。n阶巴特沃斯低通滤波器的图形和定义式与理想低通滤波器有一定的区别，可以看到图 7.25（b）中间的白色与周围的黑色有过渡区域，即巴特沃斯低通滤波器的传递函数并不是在 D_0 处突然截止的。

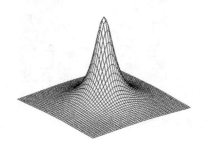

（a）透视图　　　　　　　　　　（b）以图像显示的滤波器

图 7.25　透视图与以图像显示的滤波器

定义式

$$H(u,v) = \frac{1}{1+\left[\dfrac{D(u,v)}{D_0}\right]^{2n}} \tag{7.9}$$

当 $D(u,v) = D_0$ 时，代入式（7.9），得到 $H = 0.5$，此时 $H(u,v)$ 的值减小一半。滤波器中有一个阶数 n，n 越大，巴特沃斯低通滤波器越接近理想低通滤波器。巴特沃斯低通滤波器逐渐衰减高频。巴特沃斯低通滤波器的生成代码如下。

```
D0=0.05*M;
[U,V]=dftuv(M,N);
D=sqrt(U.^2+V.^2);
H=1./(1+(D./D0).^(2*n));
```

（3）第三种低通滤波器为高斯低通滤波器，高斯低通滤波也是逐渐衰减高频的过程。透视图与以图像显示的滤波器如图 7.26 所示。

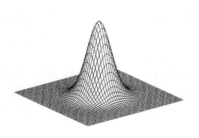

（a）透视图　　　　　　　　　　（b）以图像显示的滤波器

图 7.26　透视图与以图像显示的滤波器

定义式

$$H(u,v) = e^{-\frac{D^2(u,v)}{2\sigma^2}}$$ （7.10）

σ 是标准偏差，当 $\sigma = D_0$ 时，

$$H(u,v) = e^{-\frac{D^2(u,v)}{2D_0^2}}$$ （7.11）

当 $D(u,v) = D_0$ 时，代入式（7.11），得到 $H(u,v) = 0.607$。高斯低通滤波器的生成代码如下。

```
D0=0.05*M;
[U,V]=dftuv(M,N);
D=sqrt(U.^2+V.^2);
H=exp(-(D.^2)./(2*(D0^2)));
```

低通滤波器会使图像模糊，可以应用于图像频域去噪、平滑图像。

7.3.3　高通滤波实现图像频域锐化

高通滤波在削弱傅里叶变换的低频的同时保留高频，使图像更加清晰。高通滤波图像增强的设计思想如图 7.27 所示：首先对数字图像 $f(x,y)$ 进行傅里叶变换；然后利用高通滤波得到高频信息，也就是计算傅里叶变换与频域滤波器的乘积；接着进行傅里叶逆变换，得到空间域图像边缘信息；最后将边缘信息叠加到原始图像，实现图像增强。

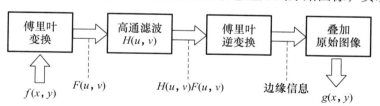

图 7.27　高通滤波图像增强的设计思想

有了低通滤波器的分析基础，理想高通滤波器、巴特沃斯高通滤波器和高斯高通滤波器的图形及相应的表达式就可以比较容易地得到，如图 7.28 所示。

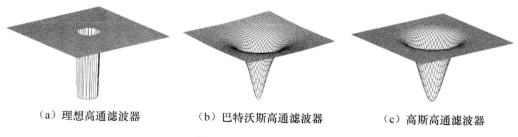

（a）理想高通滤波器　　　　（b）巴特沃斯高通滤波器　　　　（c）高斯高通滤波器

图 7.28　三种高通滤波器

理想高通滤波器：

$$H(u,v) = \begin{cases} 1, & D(u,v) > D_0 \\ 0, & D(u,v) \leqslant D_0 \end{cases}$$ （7.12）

巴特沃斯高通滤波器：

$$H(u,v) = \dfrac{1}{1 + \left[\dfrac{D_0}{D(u,v)}\right]^{2n}}$$ （7.13）

高斯高通滤波器：

$$H(u,v) = 1 - e^{-\frac{D^2(u,v)}{2D_0^2}}$$ （7.14）

实际上，高通滤波器可以看成低通滤波器的反操作，本节讨论的高通滤波器的传递函数可以由低通滤波器的传递函数得到：

$$H_{\text{高通}}(u,v) = 1 - H_{\text{低通}}(u,v)$$ （7.15）

前面分析了低通滤波器在 MATLAB 环境中的生成方法，不难写出高通滤波器的生成方法，可以在 .m 文件中定义一个函数，该函数可以接收三种高通滤波器的输入，根据输入类型和参数生成不同的高通滤波器的传递函数。

首先计算每个点与原点的距离 D；然后用 switch case 语句判断类型，不同的类型对应不同的传递函数表达式；最后得到函数的返回值 H。具体代码如下。

```
function H=hpfilter(type,M,N,D0,n)
[U,V]=dftuv(M,N);
D=sqrt(U.^2+V.^2);
switch type
    case 'ideal'
        H=double(D>=D0);
case 'btw'
        if nargin==4
            n=1;
        end
H=1-1./(1+(D./D0).^(2*n));
    case 'gaussian'
        H=1-exp(-(D.^2)./(2*(D0^2)));
    otherwise
        error('Unkown filter type');
end
```

定义好函数，就可以反复调用了，特别方便。

例 7.3　在 MATLAB 环境中，对图 7.29（a）所示的图像进行高通滤波图像增强。

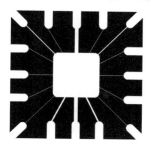

（a）原始图像

（b）高通滤波设计思想

图 7.29　高通滤波图像增强

对图像进行高通滤波图像增强的具体代码如下。

```
f=imread('line.tif');              % 读取图像
imshow(f);
D0=0.05*size(f,1);                 % 设置 D₀
H=hpfilter('gaussian',size(f,1),size(f,2),D0);
% 调用定义的高通滤波器函数，生成高通滤波器传递函数 H
g=dftfilt(f,H);      % 调用创建的频域滤波函数 dftfilt
figure;imshow(g,[]);
```

dftfilt 函数的函数体实现了图 7.29（b）中高通滤波和傅里叶逆变换的过程，代码如下。

```
F=fft2(f,size(f,1),size(f,2));
S=H.*F;
S1=ifft2(S);
g=real(S1);
```

程序运行结果如图 7.30 所示。

图 7.30　程序运行结果

从图 7.30 可以看出，高通滤波增强了图像的边缘，滤掉了低频部分，即图像的平均值降到零，所以原始图像的大部分背景丢失。为了弥补这种背景丢失的情况，可以将高通滤波提取到的边缘阈值化后叠加到原始图像，或者为高通滤波器增加一个偏移量。

例 7.4 在 MATLAB 环境中，对图 7.31 所示的图像进行高频增强。

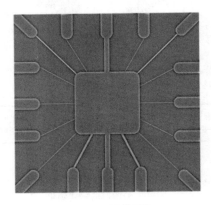

图 7.31　原始图像

具体代码如下。

```
H=hpfilter('gaussian',size(f,1),size(f,2),D0);
H=0.4+2*H;
g=dftfilt(f,H);
g=histeq(g);
figure;imshow(g,[]);
```

程序运行结果如图 7.32 所示。

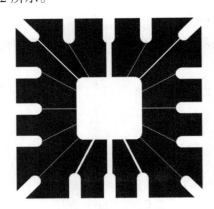

图 7.32　程序运行结果

可以利用 $H=0.4+2*H$ 增大低频部分的幅度，进一步突出高频部分，同时利用 histeq 函数进行增强，还可以结合空间域的直方图均衡化方法增强，以达到满意的增强效果。从高频增强的结果可以看出，增强效果良好。

本章小结

本章学习了变换域图像增强的相关知识。对一幅二维数字图像进行二维离散傅里叶变换后，可以在频域分析图像。弱化高频、保留低频可以实现图像平滑，弱化低频、强化高频可以实现图像增强。本章还介绍了频域滤波的基本概念、过程和 MATLAB 实现，以及频域滤波器和频域图像增强实现。

本章习题

1. 对一幅图像

$$f = \begin{bmatrix} 10 & 10 & 20 & 30 \\ 10 & 20 & 20 & 40 \\ 20 & 20 & 20 & 80 \\ 20 & 20 & 20 & 200 \end{bmatrix}$$

进行二维快速傅里叶变换。

2. 傅里叶变换在图像处理中有着广泛的应用，简述其在图像的高通滤波中的应用原理。

3. 试简述频域滤波的原理及过程。

4. 频域增强与空间域增强有什么不同？

5. 任意选择一幅灰度图像，分析其频率低通滤波后的效果图。

6. 任意选择一幅灰度图像，分析其频率高通滤波后的效果图。

知识扩展

小波变换

小波变换（Wavelet Transform，WT）是一种新的变换分析方法，它继承和发展了短时傅里叶变换局部化的思想，同时克服了窗口尺寸不随频率变化等缺点，能够提供一个随频率改变的"时间—频率"窗口，是进行信号时频分析和处理的理想工具。它的主要特点是通过变换充分突出问题某些方面的特征，能对时间（空间）频率进行局部化分析，通过伸缩平移运算对信号（函数）逐步进行多尺度细化，达到高频处时间细分、低频处频率细分，能自动适应时频信号分析的要求，从而聚焦到信号的任意细节，解决了傅里叶变换的问题，成为继傅里叶变换之后在科学方法上的重大突破。

传统的信号理论是建立在傅里叶分析基础上的，而傅里叶变换作为一种全局性变换有一定的局限性，如不具备局部化分析能力、不能分析非平稳信号等。在实际应用中，人们开始对傅里叶变换进行各种改进，以改善这种局限性，如短时傅里叶变换（Short-Time Fourier Transform，STFT）。由于短时傅里叶变换采用的滑动窗函数一经选定就固定不变，因此其时频分辨率固定不变，不具备自适应能力，而小波分析很好地解决了这个问题。小波分析是一种新兴数学分支，是泛函数、傅里叶分析、调和分析、数值分析的最完美的结晶；在应用领域，特别是在信号处理、图像处理、语音处理及众多非线性

科学领域，它被认为是继傅里叶分析之后的又一个有效的时频分析方法。小波变换与傅里叶变换相比，是一个时间和频域的局域变换，因而能有效地从信号中提取信息，通过伸缩和平移等运算功能对函数或信号进行多尺度细化分析，解决了傅里叶变换不能解决的许多困难。

随着理论研究的不断深入，小波分析在很多领域得到了应用，包括数学领域的许多学科；信号分析、图像处理；量子力学、理论物理；军事电子对抗与武器的智能化；计算机分类与识别；音乐与语言的人工合成；医学成像与诊断；地震勘探数据处理；大型机械的故障诊断等方面。例如，在数学领域用于数值分析、构造快速数值方法、曲线曲面构造、微分方程求解、控制论等；在信号分析领域用于滤波、去噪声、压缩、传递等；在图像处理领域用于图像压缩、分类、识别与诊断、去污等；在医学成像领域用于减少B超、CT、核磁共振成像的时间，提高分辨率等。

第 8 章

图像分割

课时：本章建议 4 课时。

教学目标

1. 掌握图像分割的概念，了解图像分割算法。
2. 掌握点检测的实现方法。
3. 掌握线检测的实现方法。
4. 掌握边缘检测的实现方法及边缘检测的 MATLAB 实现。
5. 掌握全局阈值处理的实现方法。
6. 掌握 Otsu 阈值法的实现方法。
7. 掌握区域生长法和区域分裂合并法。

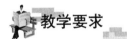
教学要求

知识要点	能力要求	相关知识
图像分割	1. 掌握图像分割的概念 2. 了解图像分割算法	图像分割算法
基于边缘的图像分割	1. 掌握点检测的实现方法 2. 掌握线检测的实现方法 3. 掌握霍夫变换法 4. 掌握边缘检测器 5. 掌握边缘检测的 MATLAB 实现	掩模、霍夫变换法、Sobel 检测器、Roberts 检测器、LoG 检测器、Zerocross 检测器、Canny 边缘检测器
基于阈值的图像分割	1. 掌握全局阈值处理的实现方法 2. 掌握 Otsu 阈值法的实现方法	全局阈值处理、大津阈值分割法
基于区域的图像分割	1. 掌握区域生长法 2. 掌握区域分裂合并法	区域生长法、区域分裂合并法

思维导图

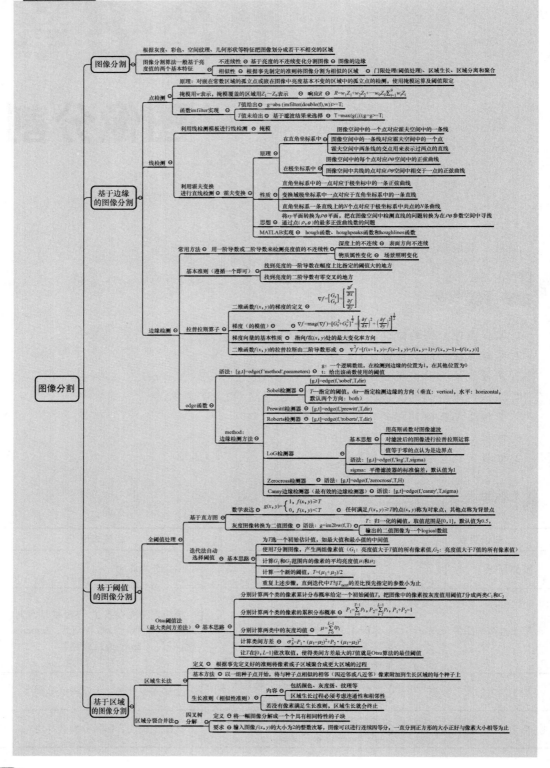

8.1　图像分割

图像分割是图像处理与计算机视觉领域低层次视觉中较基础和重要的领域之一，是对图像进行视觉分析和模式识别的基本前提。

图像分割是指根据灰度、彩色、空间纹理、几何形状等特征把图像划分成若干互不相交的区域。简单地讲，就是在一幅图像中，把目标从背景中分离出来，以便进一步处理。

图像分割算法一般基于亮度值的两个基本特征：不连续性和相似性。第一类方法基于亮度的不连续变化分割图像，比如图像的边缘；第二类方法根据事先制定的准则将图像分割为相似的区域。门限处理（阈值处理）、区域生长、区域分离和聚合都是图像分割算法的实例。

图像分割
基础

本章首先从适合检测灰度级的不连续性的方法展开，如点检测、线检测、边缘检测，特别是边缘检测近年来已成为分割算法的主题。其次讨论一些连接边缘线段和把边缘"组装"为边界的方法。门限处理（阈值处理）实际上指的是基于阈值的分割，它也是一种人们普遍关注的用于图像分割的基础方法。最后讨论一种称为分水岭分割的形态学图像分割方法。

8.2　基于边缘的图像分割

8.2.1　点检测

点检测的原理相当直接，对嵌在常数区域的孤立点或嵌在图像中亮度基本不变的区域中的孤立点的检测，使用掩模运算及阈值限定即可。

点检测

掩模运算与线性滤波器和锐化滤波器类似，对于尺寸为 3×3 的掩模，该计算过程包括计算模板包围区域内灰度级与模板系数的乘积之和，如图 8.1 所示。掩模用 w 表示，掩模覆盖的区域用 $Z_1 \sim Z_9$ 表示，掩模在该图像中任一点处的响应 R 由式（8.1）给出。

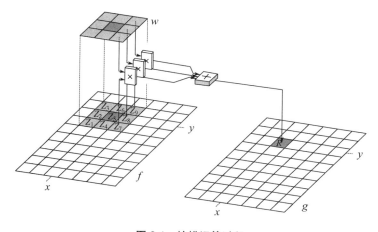

图 8.1　掩模运算过程

$$R = w_1Z_1 + w_2Z_2 + \cdots + w_9Z_9 = \sum_{i=1}^{9} w_i Z_i \qquad (8.1)$$

如果 $|R| \geq T$，则在掩模的中心位置已经检测出一个孤立的点。其中，T 是一个非负阈值，R 由式（8.1）给出。在 MATLAB 环境中，点检测可用 imfilter 函数实现，可以使用图 8.2 所示的点检测掩模或其他掩模。

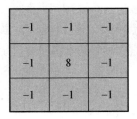

图 8.2　点检测掩模

选取掩模的重要原则如下：当掩模中心是一个孤立点时，掩模的响应必须最强，在亮度不变的区域响应为零。

若已给出 T 值，则如下命令可实现点检测。

```
>>g=abs(imfilter(double(f),w))>=T;
```

其中，f 是输入图像；w 是点检测掩模；g 是输出图像；double(f) 用于防止过早截断负值。若输出图像 g 是 logical 类图像，则 g 的值是 0 或 1。

若未给出 T 值，则通常基于滤波结果选择 T 值，比如可以使用

```
>>T=max(g(:));
```

选取 T 值为已滤波图像 g 中的最大值，然后利用如下代码识别已滤波图像中响应最大的点。

```
>>g=g>=T;
```

8.2.2　线检测

线检测

与点检测相比，线检测更复杂一些。线检测有两种方式：一种是利用线检测模板进行线检测，另一种是利用霍夫变换进行直线检测。

基于模板的线检测类似于线性滤波的相关操作原理。图 8.3 中的四幅图表示四种掩模。利用图 8.3（a）所示的掩模处理图像，会更强烈地响应（宽度为一个像素的）水平线。对于不变的背景，当该水平线通过掩模的中间行时，会出现最大响应。同样，图 8.3（b）所示的掩模可以最佳响应 45°的线，图 8.3（c）所示的掩模可以最佳响应垂直线，图 8.3（d）所示的掩模可以最佳响应 −45°的线。每个掩模的最佳方向与其他可能的方向相比，已被一个较大的系数（如 2）加权。每个掩模的系数之和为零，表明亮度不变区域中来自掩模的响应为零。

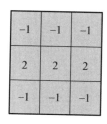

（a）水平方向 （b）45°方向 （c）垂直方向 （d）-45°方向

图 8.3 线检测模板

假设四个掩模分别用于同一幅图像，令 R_1、R_2、R_3 和 R_4 分别代表图 8.3（a）至图 8.3（d）所示的四个掩模的响应，其中 R 的响应就是模板与图像的相关操作。若图像上的某个点满足

$$|R_i| > |R_j|, \ j \neq i \qquad (8.2)$$

则此点与掩模 i 方向上的线更相关。例如，若在图像中某个点处满足（R_1 的绝对值最大）$|R_i| > |R_j|$，$j = 2, 3, 4$，则可以说该点更可能与一条水平线相关。也就是说，如果对检测图像中由给定掩模定义的方向的所有线感兴趣，则只需简单地通过整幅图像运行掩模，并对所得结果的绝对值做阈值处理。剩下的点是响应最强烈的点，这些点与掩模定义的方向最接近，并且组成了只有一个像素宽的线。

例 8.1 线检测。

图 8.4 所示为数字化连线掩码图像，它是一幅二值图像，需要找到所有宽度为一个像素的线，并且线的方向是水平的。

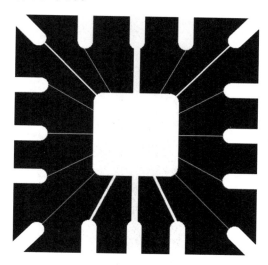

图 8.4 数字化连线掩码图像

为了达到目的，使用水平方向的掩模，用 imfilter 函数将掩模用于图像，得到水平检测器处理后的结果，如图 8.5 所示，图中灰色背景的阴影对应负值。

```
w=[-1 -1 -1;2 2 2; -1 -1 -1];
g=imfilter(double(f),w);
imshow(g,[]);
```

图 8.5　水平检测器处理后的结果

使用如下代码求得并显示图像的绝对值。

```
g=abs(g);
figure;imshow(g,[]);
```

程序运行结果如图 8.6 所示。

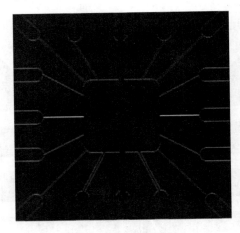

图 8.6　程序运行结果

因为对最强的响应感兴趣，所以令 T 值等于图像中的最大值，显示满足条件 $g \geq T$ 的白点，检测出图像中宽度为一个像素的水平线。

```
T=max(g(:));
g=g>=T;
figure;imshow(g);
```

程序运行结果如图 8.7 所示。

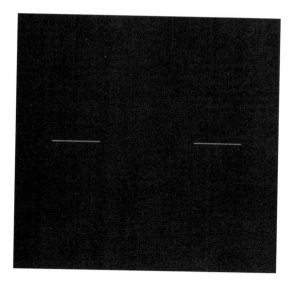

霍夫变换

图 8.7　程序运行结果

　　理想情况下，前面讨论的点检测和基于模板的线检测只产生边缘的像素。实际上，噪声、照明不均匀等会导致边缘断裂，不能得到完全的边缘特性。霍夫变换是一种检测并链接图像中线段的线检测方法，已经扩展到圆、椭圆等曲线检测。

　　给定一幅由像素点几何组成的图像，可以通过两种方法检测图像中的直线，一种是任意选取两个点，决定一条线，再测试所有其他点是否接近这条线，从而得出接近这条线的所有点的子集。这种方法需要找到任意两点构成的线，并且每个点都要与所有线进行比较，计算起来特别复杂。另一种是采用霍夫变换。在直角坐标系中，某个斜率为 m_0、截距为 b_0 的直线 $y = m_0 x + b_0$ ［图 8.8（a）］，可以改写为 $b_0 = -x m_0 + y$，对直角坐标系进行变换，考虑霍夫空间（m_b 平面），直角坐标系中的一条线映射到 m_b 平面中的点 (m_0, b_0)，如图 8.8（b）所示。

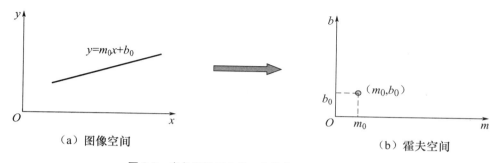

（a）图像空间　　　　　　　　　　　　　　（b）霍夫空间

图 8.8　直角坐标系中的一条线在霍夫空间的映射

　　经过点 (x_0, y_0) 的线有无数条，这些线对于某些 m 和 b 来说，都满足 $y_0 = m x_0 + b$，如图 8.9（a）所示。转换到 m_b 平面，公式可以改写为 $b = -x_0 m + y_0$，映射到参数空间

中斜率为 $-x_0$、截距为 y_0 的直线。也就是说，对于直角坐标系中的一个点，在参数空间有一条与它相关的直线，如图 8.9（b）所示。

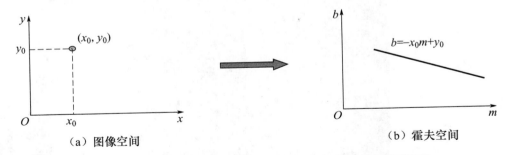

（a）图像空间 　　　　　　　　　　　　（b）霍夫空间

图 8.9　直角坐标系中的一个点对应在参数空间有一条与它相关的直线

在直角坐标系中，如何在参数空间表示过点 (x_0, y_0) 和点 (x_1, y_1) 的直线呢？这条直线的斜率设为 m'，截距设为 b'，直线上的两个点满足 $y_0 = m'x_0 + b'$，$y_1 = m'x_1 + b'$，如图 8.10（a）所示，转换为 $b' = -x_0m' + y_0$，$b' = -x_1m' + y_1$。因此在参数空间，两条直线都经过一个点 (m', b')，如图 8.10（b）所示，其中一条直线的斜率为 x_0，另一条直线的斜率为 x_1。经过分析，在直角坐标系中，一条直线上的所有点在参数空间中都有一条相交于点 (m', b') 的直线。

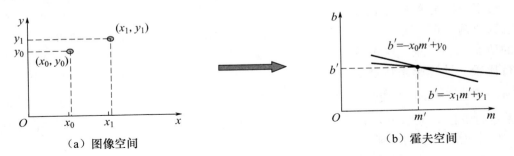

（a）图像空间 　　　　　　　　　　　　（b）霍夫空间

图 8.10　在直角坐标系中一条直线上的所有点在参数空间的映射

在直角坐标系中有多条直线，如何在参数空间映射呢？

图 8.11 中的 xy 平面中有五个点，经过这五个点可以作两条直线，如图 8.12 所示。上面分析了点会映射成线，xy 平面中的五个点会映射成 m_b 平面中的五条直线。xy 平面中的两条直线表示为 $y = 1$ 和 $y = x - 1$；xy 平面中，过 $y = 1$ 直线的三个点都有在 m_b 平面相交于点 $(0,1)$ 的三条直线；$y = x - 1$ 直线上的三个点都有在 m_b 平面相交于点 $(1,-1)$ 的三条直线。

因此可以在霍夫空间或参数空间找到某些点，通过这些点的直线最多，表示这是一条由最多点组成的直线。如图 8.13 所示，参数空间中的 A 点和 B 点分别有三条直线通过。

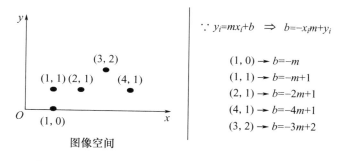

图 8.11　xy 平面中五个点映射成 m_b 平面中的五条直线

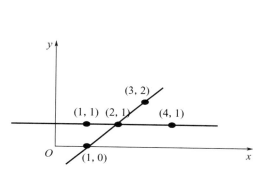

图 8.12　五个点可以作两条直线

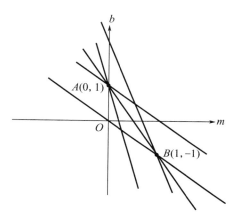

图 8.13　参数空间中的点与经过它的直线

以上是在霍夫空间寻找图像上的直线的方法，但是存在一个问题，垂直线的斜率为无穷大，霍夫变换的这种实现方式不能表示垂直线。为解决这个问题，可以使用直线的法线方程与极坐标（图 8.14）表示如下：

$$\rho = x\cos\theta + y\sin\theta \tag{8.3}$$

ρ 和 θ 可以唯一确定一条直线，ρ 表示原点到直线的距离，θ 表示该直线的法线与 x 轴的夹角。对于水平线，$\theta = 0°$，ρ 等于正的 x 截距；对于垂直线，$\theta = 90°$，ρ 等于正的 y 截距，或 $\theta = -90°$，ρ 等于负的 y 截距。

使用极坐标表示如下：

$$(p, q) = (\rho\cos\theta, \rho\sin\theta) \tag{8.4}$$

垂线的斜率表示如下：

$$\tan\theta = \frac{\sin\theta}{\cos\theta} \tag{8.5}$$

原直线的斜率表示如下：

$$\frac{-1}{\tan\theta} = \frac{-\cos\theta}{\sin\theta} \tag{8.6}$$

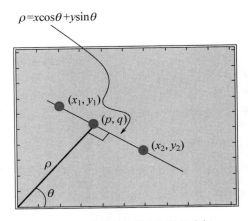

图 8.14　直线的法线方程与极坐标

对直线上任意点 (x, y)，满足

$$\frac{y-\rho}{x-1} = \frac{y-\rho\sin\theta}{x-\rho\cos\theta} \tag{8.7}$$

根据式（8.6）和式（8.7）得

$$\rho = x\cos\theta + y\sin\theta \tag{8.8}$$

有

$$\rho = x_1\cos\theta + y_1\sin\theta \tag{8.9}$$

$$\rho = x_2\cos\theta + y_2\sin\theta \tag{8.10}$$

图 8.15 中的每条正弦曲线表示通过特定点 (x_i, y_i) 的一簇直线，交点 (ρ', θ') 对应于通过 (x_1, y_1) 和 (x_2, y_2) 的直线。

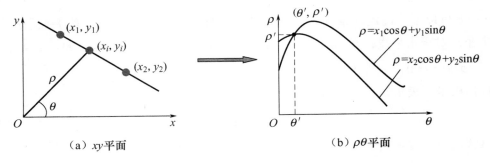

（a）xy 平面　　　　　　　　　（b）$\rho\theta$ 平面

图 8.15　xy 平面和 $\rho\theta$ 平面的转换

因此，xy 平面转换为 $\rho\theta$ 平面，把在图像空间中检测直线的问题转换为在极坐标参数空间寻找通过点 (ρ, θ) 最多正弦曲线的问题。

霍夫变换的优势是把 $\rho\theta$ 平面细分为累加器单元，如图 8.16 所示。

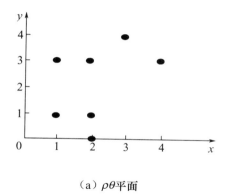

（a）$\rho\theta$ 平面

(x, y)	$-45°$	$0°$	$45°$	$90°$
(2, 0)	1.4	2	1.4	0
(1, 1)	0	1	1.4	1
(2, 1)	0.7	2	2.1	1
(1, 3)	−1.4	1	2.8	3
(2, 3)	−0.7	2	3.5	3
(4, 3)	0.7	4	4.9	3
(3, 4)	−0.7	3	4.9	4

（b）累加器单元

图 8.16　把 $\rho\theta$ 平面细分为累加器单元

其中 $(\rho_{\min}, \rho_{\max})$ 和 $(\theta_{\min}, \theta_{\max})$ 是参数值的期望范围，一般值的范围为 $-90° \leqslant \theta \leqslant 90°$ 和 $-D \leqslant \rho \leqslant D$，$D$ 是图像中角点间的距离。

假设坐标 (i, j) [累加器的值为 $A(i, j)$] 处的单元对应于参数空间 (ρ_i, θ_i) 相关的方形。最初这些单元设为零，对于图像平面上的每个非背景点 (x_k, y_k)，令 θ 等于允许的细分值，并通过公式

$$\rho = x\cos\theta + y\sin\theta \qquad (8.11)$$

求出对应的 ρ 值，再将得到的 ρ 值四舍五入为最接近的、ρ 轴上的允许单元值。相应的累加器单元开始累加，累加结束后，根据 $A(i, j)$ 的值可以知道有多少点共线，即 $A(i, j)$ 的值在 (ρ_i, θ_i) 处的共线点数。同时 (ρ_i, θ_i) 值给出了直线方程的参数，得到了点所在的线。最终，$A(i, j)$ 意味着 xy 平面上位于直线 $\rho = x\cos\theta + y\sin\theta$ 上的点数。

图 8.16（a）中的 $\rho\theta$ 平面上有七个点，θ 值细化为 $-45°$、$0°$、$45°$ 和 $90°$，对这七个点，根据细分的 θ 求出 ρ。可见，相应 θ 和 ρ 的细化单元值出现的次数就是累加器最后的值，如图 8-17 所示。

θ	−1.4	−0.7	0	0.7	1	1.4	2	2.1	2.8	3	3.5	4	4.9
−45°	1	2	1	2		1							
0°					2		3			1		1	
45°						2		1	1		1		2
90°			1		2					3		2	

图 8.17　累加器最后的值

在图 8.17 中，可以看到最大次数为 3，对应的 (ρ, θ) 为 $(2, 0°)$ 和 $(3, 90°)$，从而找到图像中的两条直线，如图 8.18 所示。

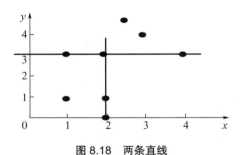

图 8.18　两条直线

$$2 = x\cos 0° + y\sin 0° \Rightarrow x = 2 \qquad (8.12)$$

$$3 = x\cos 90° + y\sin 90° \Rightarrow y = 3 \qquad (8.13)$$

总结直角坐标系与极坐标变换域的关系，霍夫变换具有如下主要性质。

（1）直角坐标系中的一点对应于极坐标中的一条正弦曲线。

（2）变换域极坐标系中的一点对应于直角坐标系中的一条直线。

（3）直角坐标系一条直线上的 N 个点对应于极坐标系中共点的 N 条曲线。

例 8.2　使用霍夫变换函数做线检测的 MATLAB 实例。

使用 hough 函数、houghpeaks 函数和 houghlines 函数寻找图 8.19 所示二值图像 f 中的一组线段。

图 8.19　二值图像 f

首先，使用 hough 函数计算并显示 Hough，设置角度间隔 $\Delta\theta = 0.5$（$\Delta\theta$ 的默认值为 1），ρ 的范围是图像的角线长度。hough 函数的输出 **H** 就是得到的霍夫变换二维矩阵。**θ** 和 **ρ** 是霍夫变换得到的由 θ 和 ρ 的取值范围形成的向量。具体代码如下。

```
[H,theta,rho]=hough(f,'ThetaResolution',0.5);
imshow(H,[],'XData',theta,'YData',rho,'InitialMagnification',
'fit');
xlabel('theta'),ylabel('(rho');
axis on,axis normal,hold on;
```

程序运行结果如图 8.20 所示。

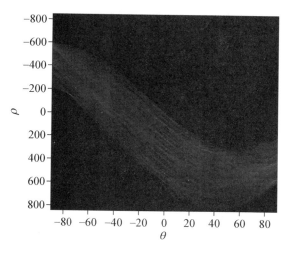

图 8.20　程序运行结果

其次，使用 houghpeaks 函数找到五个看起来很明显的霍夫变换峰值点，用白色方形标记这五个峰值点。具体代码如下。

```
[H,theta,rho]=hough(f,'ThetaResolution',0.5);
imshow(H,[],'XData',theta,'YData',rho,'InitialMagnification'
,'fit');
xlabel('theta'),ylabel('rho');
axis on,axis normal,hold on;
P=houghpeaks(H,5);
plot(theta(P(:,2)),rho(P(:,1)),'s','color','white');
```

程序运行结果如图 8.21 所示。

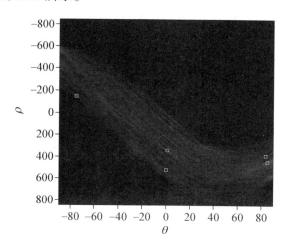

图 8.21　程序运行结果

最后，使用 houghlines 函数查找并链接线段，使用 imshow 函数、hold on 函数和 plot 函数在原始二值图像 f 中叠加这些线段。具体代码如下。

```
[H,theta,rho]=hough(f,'ThetaResolution',0.5);
imshow(H,[],'XData',theta,'YData',rho,'InitialMagnification'
,'fit');
xlabel('\theta'),ylabel('\rho');
axis on,axis normal,hold on;
P=houghpeaks(H,5);
plot(theta(P(:,2)),rho(P(:,1)),'s','color','white');
lines=houghlines(f,theta,rho,P);
figure,imshow(f),hold on
for k=1:length(lines)
    xy=[lines(k).point1;lines(k).point2];
    plot(xy(:,1),xy(:,2),'linewidth',4,'color','r');
end
```

程序运行结果如图 8.22 所示。

图 8.22　程序运行结果

以上就是霍夫变换的原理及实现。

霍夫变换的思想是将 xy 平面转换为 $\rho\theta$ 平面，把在图像空间中检测直线的问题转换为在 $\rho\theta$ 参数空间中寻找通过点 (ρ,θ) 的最多正弦曲线的问题。可以利用 hough 函数、houghpeaks 函数和 houghlines 函数实现霍夫变换，并标记检测到的点和直线。

8.2.3　边缘检测

边缘检测的通用方法是检测亮度值的不连续性，这种不连续性是用一阶导数和二阶导数检测的，包括深度不连续、表面方向不连续、物质属性变化和场景照明变化。

1. 边缘检测器

图像处理中选择的一阶导数是 6.2 节中定义的梯度。为方便起见，下面重写相关公式。二维函数 $f(x,y)$ 的梯度定义为

$$\nabla f = \begin{bmatrix} G_x \\ G_y \end{bmatrix} = \begin{bmatrix} \dfrac{\partial f}{\partial x} \\[2mm] \dfrac{\partial f}{\partial y} \end{bmatrix}$$ （8.14）

梯度分量可以用 G_x 和 G_y 表示。

梯度（的模值）计算如下：

$$\nabla f = \text{mag}(\nabla f) = \left[G_x^2 + G_y^2 \right]^{\frac{1}{2}} = \left[\left(\frac{\partial f}{\partial x} \right)^2 + \left(\frac{\partial f}{\partial y} \right)^2 \right]^{\frac{1}{2}}$$ （8.15）

边缘检测

为简化计算，有时通过省略平方根的计算近似该值，即

$$\nabla f \approx G_x^2 + G_y^2$$ （8.16）

或通过取绝对值近似该值，即

$$\nabla f = |G_x| + |G_y|$$ （8.17）

这些近似值仍然具有导数性质，具体来说，它们在不变亮度区域中为零，而且与像素值在可变区域中的亮度变化的程度成比例。在实际应用中，通常将梯度的幅值或其近似值称为梯度。

梯度向量的基本性质是指向 f 在 $f(x,y)$ 处的最大变化率方向。最大变化率出现时的角度

$$\alpha(x, y) = \arctan\left(\frac{G_x}{G_y} \right)$$ （8.18）

关键问题是如何数字化地估计导数 G_x 和 G_y。

在图像处理中，二阶导数通常用 6.3 节介绍的拉普拉斯算子计算，即二维函数 $f(x,y)$ 的拉普拉斯由二阶导数形成，表达公式如下：

$$\nabla^2 f = \frac{\partial^2 f}{\partial x^2} + \frac{\partial^2 f}{\partial y^2}$$ （8.19）

$$\frac{\partial^2 f}{\partial x^2} = f(x+1, y) + f(x-1, y) - 2f(x, y)$$ （8.20）

$$\frac{\partial^2 f}{\partial y^2} = f(x, y+1) + f(x, y-1) - 2f(x, y)$$ （8.21）

$$\nabla^2 f = [f(x+1, y) + f(x-1, y) + f(x, y+1) + f(x, y-1) - 4f(x, y)] \qquad (8.22)$$

拉普拉斯算子很少直接用于边缘检测，因为二阶导数对噪声有无法接受的敏感性，会产生双边缘，而且不能检测边缘的方向。但拉普拉斯算子与其他边缘检测技术组合使用是一种有效的补充方法。例如，虽然双边缘使得拉普拉斯算子不适合直接用于边缘检测，但可用于边缘定位。

以前面的讨论为背景，边缘检测的基本用途是使用如下两个基本准则在图像中找到亮度快速变化的区域。

（1）找到亮度的一阶导数在幅度上比指定阈值大的地方。

（2）找到亮度的二阶导数有零交叉的地方。

在图像处理工具箱中，edge 函数基于以上准则提供了多个导数估计器，一些导数估计器可以指定边缘检测器对水平边缘或垂直边缘敏感，或者对两者都敏感。edge 函数的基本语法为

```
[g,t]=edge(f,'method',parameters)
```

其中，f 是输入图像；method 是边缘检测方法，可以选择多种一阶方法或二阶方法；parameters 是要说明的另一个参数，method 不同，它的选择也不同。除了有三个输入参数外，edge 函数还有两个输出参数，g 是一个逻辑数组，g 值在输入图像 f 中检测到边缘的位置为 1，在其他位置为 0；输出参数 t 是可选的，给出 edge 函数使用的阈值，以确定哪个梯度足够大到称为边缘点。下面具体了解 method 参数的取值范围。

Sobel 边缘检测器使用一对掩模数字化地近似一阶导数 G_x 和 G_y。

$$\boldsymbol{H}_1 = \begin{bmatrix} -1 & 0 & 1 \\ -2 & 0 & 2 \\ -1 & 0 & 1 \end{bmatrix} \qquad (8.23)$$

$$\boldsymbol{H}_2 = \begin{bmatrix} -1 & -2 & -1 \\ 0 & 0 & 0 \\ 1 & 0 & 1 \end{bmatrix} \qquad (8.24)$$

Sobel 边缘检测器的调用语法为

```
[g,t]=edge(f,'sobel',T,dir)
```

其中，f 是输入图像；T 是一个指定的阈值；dir 指定检测边缘的首选方向，可以选择 horizontal、vertical 或 both（默认值），分别代表水平方向、垂直方向和两个方向。正如前面介绍的，g 是在被检测到边缘的位置处为 1，在其他位置为 0 的逻辑数组。输出参数 t 是可选的，它是 edge 函数的阈值。若指定了 T 的值，则 $t = T$；若 T 值未给出或为空，则 edge 函数会令 t 等于它自动确定的一个阈值，再用于边缘检测。输出参数包含 t 的主要目的是得到一个阈值的初始值。使用的语法为

```
g=edge(f)
```

或

```
[g,t]=egde(f)
```

edge 函数默认使用 Sobel 边缘检测器。Prewitt 边缘检测器使用一对掩模数字化地近似一阶导数 G_x 和 G_y。

$$H_1 = \begin{bmatrix} -1 & 0 & 1 \\ -1 & 0 & 1 \\ -1 & 0 & 1 \end{bmatrix} \qquad (8.25)$$

$$H_2 = \begin{bmatrix} -1 & -1 & -1 \\ 0 & 0 & 0 \\ 1 & 1 & 1 \end{bmatrix} \qquad (8.26)$$

基本调用语法为

```
[g,t]=edge(f,'prewitt',T,dir)
```

参数说明与 Sobel 边缘检测器的相同，这里就不再重复说明了。

Roberts 边缘检测器使用一对掩模数字化地近似一阶导数 G_x 和 G_y。

$$H_1 = \begin{bmatrix} -1 & 0 \\ 0 & 1 \end{bmatrix} \qquad (8.27)$$

$$H_2 = \begin{bmatrix} 0 & -1 \\ 1 & 0 \end{bmatrix} \qquad (8.28)$$

基本调用语法为

```
[g,t]=edge(f,'roberts',T,dir)
```

Roberts 边缘检测器是最简单的一种边缘检测器。因为它具有一些功能上的限制，所以应用较少，但它既简单又快速，仍然经常用于硬件实现。

LoG（Laplacian of Gaussian，高斯拉普拉斯）检测器是一种常用检测器。拉普拉斯高斯算子的基本思想如下：首先用高斯函数对图像进行滤波；然后对滤波后的图像进行拉普拉斯运算，计算的值等于零的点为边界点。LoG 检测器的基本调用语法为

```
[g,t]=edge(f,'log',T,sigma)
```

其中，sigma 是标准偏差。其他参数的含义与前面介绍的相同。edge 函数忽略一切比 T 值小的边缘线条。若 T 值未给出或为空 []，则 edge 函数自动选择一个值；若 T 值为 0，则产生闭合轮廓的边缘。

Zerocross（零交叉）检测器与 LoG 检测器的原理相同，但使用指定的滤波函数 H 进行卷积，基本调用语法为

```
[g,t]=edge(f,'zerocross',T,H)
```

Canny 边缘检测器是由 Canny 在 1986 年提出的，是使用 edge 函数的最有效的边缘检测器。通过寻找 $f(x,y)$ 的梯度的最大值来查找边缘。梯度由高斯滤波器的导数计算。Canny 边缘检测器用两个阈值检测强边缘和弱边缘，如果连接到强边缘，那么输出中只包含弱边缘，因此适合用于检测真正的弱边缘。

Canny 边缘检测器的基本调用语法为

```
[g,t1]=edge(f,'canny',T,sigma)
```

其中，T 是一个向量，$T=[T1,T2]$，包含上面提到的两个阈值；sigma 是平滑滤波器的标准偏差。若 t 包含在输出参量中，则它是一个二元向量，该向量包含用到的两个阈值。其余参数说明与前面介绍的相同，包括未指定 T 值时的自动计算阈值，sigma 的默认值为 1。

2. 边缘检测的 MATLAB 实现

首先学习使用 Sobel 边缘检测器提取边缘。提取并显示图像 f（图 8.23）的垂直边缘的语法为

```
>>[gv,t]=edge(f,'sobel','vertical');
```

图 8.23　图像 f

程序运行结果如图 8.24 所示。

图 8.24　程序运行结果

图 8.24 中的主要边缘是垂直边缘，倾斜的边缘有垂直分量和水平分量，所以也能被检测到。可以指定一个较大阈值，去掉弱边缘。例如，可以指定阈值为 0.15，语法为

```
>>gv=edge(f,'sobel',0.15,'vertical');
```

程序运行结果如图 8.25 所示。

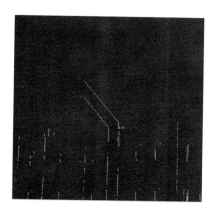

图 8.25　程序运行结果

从图 8.25 可以看出，边缘更干净。

使用相同 T 值产生图 8.26 所示的结果，突出显示了垂直边缘和水平边缘，语法为

```
>>gboth=edge(f,'sobel',0.15);
```

程序运行结果如图 8.26 所示。

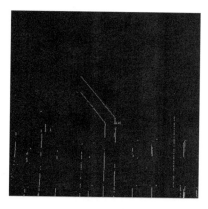

图 8.26　程序运行结果

在 edge 函数中使用选项 prewitt 和 roberts 的过程，类似于使用 Sobel 边缘检测器的过程。

比较 Sobel 边缘检测器、LoG 检测器和 Canny 边缘检测器的相关性能，提取图像 f 的主要边缘特征并去掉不重要的细节（砖墙和瓦片屋顶的纹理），产生一个干净的边缘"映射"。主要边缘是房屋的角落、窗户、形成入口的亮砖结构和入口本身、屋顶以及房

屋高度的 2/3 处的水泥条带。

```
>>[g1,tsobel]=edge(f,'sobel');
>>[g2,tlog]=edge(f,'log');
>>[g3,tcanny]=edge(f,'canny');
```

程序运行结果如图 8.27 所示。

(a)　　　　　　　　　　(b)　　　　　　　　　　(c)

图 8.27　程序运行结果

图 8.27 所示的三幅图像显示了使用默认选项 Sobel、LoG 和 Canny 得到的边缘图像，代码中都没有指定阈值 T。输出参量中，由前面计算得来的阈值是 tsobel=0.074，tlog=0.0025，tcanny= [0.019,0.047] 。选项 LoG 和 Canny 的 sigma 默认值分别是 2.0 和 1.0。除了 Sobel 图像外，通过默认值计算得出的图像与想要得到的具有清晰边缘映射的图像相差较大。

在 MATLAB 环境中输入计算得到的阈值，并运行如下代码。

```
>>g1_best=edge(f,'sobel',0.05);
>>g2_best=edge(f,'log',0.003,2.25);
>>g3_best=edge(f,'canny',[0.04 0.10],1.5);
```

程序运行结果如图 8.28 所示。

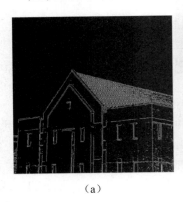
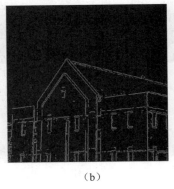
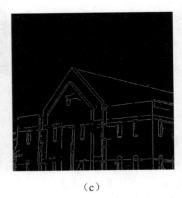

(a)　　　　　　　　　　(b)　　　　　　　　　　(c)

图 8.28　程序运行结果

从图 8.28 可以看到，Sobel 的结果与想要的水泥条纹和入口的左边缘相差较大。LoG 的结果比 Sobel 的结果好一些，并且 LoG 边缘检测效果比 LoG 的默认值得出的结果好得多，但主入口的左边缘没有显示出来，围绕房屋的水泥条带也不够清晰。Canny 的结果远远好于另外两种。特别需要注意，入口的左边缘是如何清晰地检测到的，此外，还要注意水泥条带和其他细节的检测，比如主入口上方完整的通风口也能清晰检测到。

8.3 基于阈值的图像分割

8.3.1 全局阈值处理

由于实现具有直观性和简单性，因此图像阈值处理在图像分割应用中占有很重要的地位。简单的阈值选择可以直接通过直方图观察得到。当灰度图像中画面比较简单且对象的灰度分布比较有规律时，背景和对象在图像的直方图上各自形成一个波峰，中间会形成一个波谷，选择波谷对应的灰度值作为阈值，就可以将两个区域分离，达到简单的图像分割的目的。

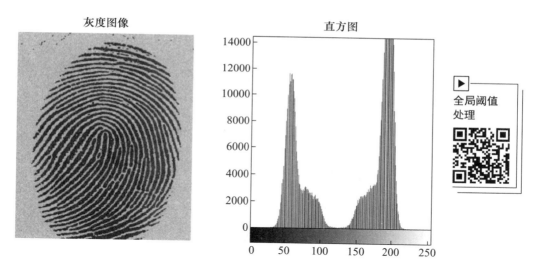

图 8.29　灰度图像及其直方图

任何满足 $f(x,y) \geq T$ 的点 (x,y) 称为对象点，其他点称为背景点。阈值处理后的图像 $g(x,y)$ 定义为

$$g(x,y) = \begin{cases} 1, f(x,y) \geq T \\ 0, f(x,y) < T \end{cases} \qquad (8.29)$$

对于输入图像 f 中像素亮度大于阈值 T 的像素点，在输出图像 g 中的对应值为 1，否则为 0。简单的全局阈值分割可将一幅灰度图像 f 转换成一幅二值图像 g。

灰度图像转换成二值图像可以调用图像处理工具箱中的 im2bw 函数，语法为

```
g=im2bw(f,T)
```

其中，参数 T 是归一化的阈值，取值为 $[0,1]$ 。im2bw 函数自动将输出二值图像声明为一个 logical 数组。T 的默认值为 0.5，可以计算出 T 对应的实际灰度阈值。如果输入的是 uint8 类图像，则对应灰度阈值为 0.5×255 ；如果输入的是 uint16 类图像，则对应灰度阈值为 $T \times 65535$ 。

观察图 8.29 所示的灰度图像，发现波谷对应 T 的中间值，因此取 $T = 0.5$ 。运行以下代码：

```
g=im2bw(f,0.5);
```

程序运行结果如图 8.30 所示。

图 8.30　程序运行结果

以上介绍的是基于直方图选取阈值 T 完成图像分割的情况。还有一种自动阈值方法，需要反复试验，挑选不同的阈值，直到产生较好的结果为止。自动阈值方法的思路如下。

（1）为 T 选一个初始估计值，比如选取最大亮度值与最小亮度值的中间值。

（2）使用 T 分割图像，产生两组像素。亮度值大于 T 的所有像素组成 G_1，亮度值小于 T 的所有像素组成 G_2。

（3）计算 G_1 和 G_2 范围内的像素的平均亮度值 μ_1 和 μ_2。

（4）计算一个新阈值，$T_{\text{next}} = \dfrac{\mu_1 + \mu_2}{2}$。

（5）重复步骤（2）到步骤（4），直到连续迭代中 T 与 T_{nest} 的差比预先指定的参数小为止。

例 8.3　使用 MATLAB 实现自动阈值方法。

选取图 8.31 所示的指纹图像，应用迭代法寻找合适的阈值 T 以实现图像分割。

图 8.31　指纹图像

　　首先选择初始阈值 T，在 While 循环的循环体中，利用 $g = f \geq T$ 做初步分割，分割后的新阈值为 T_{next}，判断 T 与 T_{next} 的差，直到 T 与 T_{next} 的差小于 0.5，终止循环。对这幅特殊图像，执行两次 While 循环可以得到结果，并在 $T = 124.021$ 时结束。用得到的 T 值进行阈值处理，可以得到分离的指纹对象和背景的二值图像。具体代码如下。

```
T=0.5*(double(min(f(:)))+ double(max(f(:))));
done=false;
while ~ done
  g=f>=T;
  Tnext=0.5*(mean(f(g)+mean(f( ~ g))));
  done=abs(T-Tnext)<0.5;
  T=Tnext;
end
```

程序运行结果如图 8.32 所示。

图 8.32　程序运行结果

8.3.2　Otsu 阈值法

Otsu 阈值法

从统计意义上说，方差是表征数据分布不均衡的统计量，要用阈值对图像中的"前景目标"和"背景"两类问题进行分割。由于适当的阈值使两类数据间的方差越大越好，因此可以采用类间方差最大作为选择阈值的评价参数。下面学习的最大类间方差法也称 Otsu 算法，是由日本学者 Otsu 于 1979 年提出的一种对图像进行二值化的高效算法，是一种自适应的确定阈值的方法。Otsu 的中文翻译是大津，因此 Otsu 算法又称大津阈值分割法。

设图像为 $f(x, y)$，总像素数为 N，灰度范围为 $[0, L-1]$，对应灰度级 i 的像素数为 N_i，第 i 级灰度的像素分布概率为

$$p_i = \frac{N_i}{N}, i = 0, 1, 2, \cdots, L-1 \tag{8.30}$$

推导出所有灰度级对应的 p_i 之和是 1：

$$\sum_{i=0}^{L-1} p_i = 1 \tag{8.31}$$

在上述定义的前提下，最大类间方差法的思路如下。

（1）给定一个初始阈值 T，把图像中的像素按灰度值用阈值 T 分成 C_1 和 C_2 两类。灰度值大于 T 值的像素组成 C_2 类，灰度值小于 T 值的像素组成 C_1 类，或称背景是 C_1 类，前景是 C_2 类。

（2）分别计算两个类的像素的累积分布概率。C_1 类的累积分布概率定义为 P_1，它是灰度级为 $0 \sim T-1$ 的像素的概率分布和。

$$P_1 = \sum_{i=0}^{T-1} p_i \tag{8.32}$$

C_2 类的累积分布概率定义为 P_2，它是灰度级为 $T \sim L-1$ 的像素的概率分布和。

$$P_2 = \sum_{i=T}^{L-1} p_i \tag{8.33}$$

事实上，$P_1+P_2=1$。

$$P_1 = \sum_{i=0}^{T-1} p_i, P_2 = \sum_{i=T}^{L-1} p_i, P_1 + P_2 = 1$$

（3）分别计算两个类中的灰度均值 μ_1 和 μ_2。

首先，对于灰度分布概率，整幅图像的均值计算公式如下：

$$\mu = \sum_{i=0}^{L-1} i p_i \tag{8.34}$$

其次，两个类的均值计算公式如下：

$$\mu_1 = \sum_{i=0}^{T-1} \frac{ip_i}{P_1} \qquad (8.35)$$

$$\mu_2 = \sum_{i=T}^{L-1} \frac{ip_i}{P_2} \qquad (8.36)$$

μ_1 中 i 的取值是第一类的 $0 \sim T-1$ 个灰度级，μ_2 中 i 的取值是第二类的 $T \sim L-1$。

（4）计算类间方差 σ_b^2。

$$\sigma_b^2 = P_1 \cdot (\mu_1 - \mu_2)^2 + P_2 \cdot (\mu_1 - \mu_2)^2 \qquad (8.37)$$

（5）让 T 在 $[0, L-1]$ 中依次取值，使得类间方差最大的 T 值就是 Otsu 算法的最佳阈值。

图像处理工具箱中提供了 graythresh 函数，封装了 Otsu 算法来计算阈值。该函数首先接收一幅图像，计算归一化直方图；然后找到最大化的类间方差的阈值。阈值返回 $0.0 \sim 1.0$ 的归一化值。

对于前面用过的指纹图像，使用命令

```
T=graythresh(f);
```

得到计算出的阈值：$T = 0.4902$。

对应的实际灰度值：$T * 255 = 125$。

使用 graythresh 函数封装的 Otsu 算法计算的阈值对指纹图像进行分割，得到的结果如图 8.33 所示。

图 8.33　对指纹图像分割后的结果

除了本节介绍的 Otsu 算法外，还有利用信息论中熵的概念与图像阈值化技术的最大熵阈值分割方法，以及类间类内最大方差比法选取阈值的方法，请读者自行查阅学习这些算法的设计思想和实现。

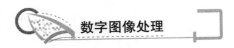
8.4 基于区域的图像分割

8.4.1 区域生长法

基于区域的
图像分割

区域生长法是一种根据事先定义的生长准则，将像素或子区域聚合成更大区域的方法。其基本原理是以一组"种子"点开始，将与种子性质相似的相邻像素附加到生长区域的每个种子上，种子的性质可以是像素或区域的灰度级范围、颜色范围等，相邻指的是四近邻和八近邻两种判别方法。

区域生长法是一种迭代选取种子并归并种子的过程，种子越长越大，就像真实世界中的种子发芽一样，因为种子不是无限制地生长的，所以涉及种子的选取，以及重要的生长准则和终止条件。

种子点是由一个或多个开始点组成的集合，选择集合时通常基于问题的性质考虑，并借助先验信息。若无先验信息可用，则可以在每个像素上计算同一组属性，在生长过程中，这些属性最终用于把像素分配到区域中。

如果对图 8.34 中的米粒区域和背景区域进行分割，则因为米粒的像素亮度是偏亮的部分，通过直方图观察，可以取亮度为 90 的点为种子点。

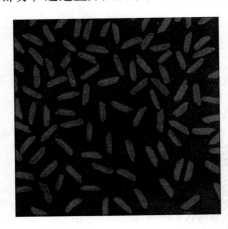
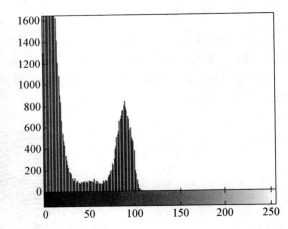

图 8.34 米粒图像及其直方图

由于区域生长是将与种子性质相似的相邻像素附加到生长区域的每个种子上，因此生长准则可以称为相似性准则。相似性准则包括颜色、灰度级、纹理等特征。

相似性准则的选取不仅依赖于问题本身，而且取决于图像数据类型。比如，对彩色图像按颜色分类取决于颜色的相似性。如果是灰度图像，就需要用基于灰度级和空间性质的描绘子（如矩形或纹理）对区域进行分析。区域生长过程中必须考虑连通性和相邻性，否则会得到毫无意义的分割结果。

若没有像素满足生长准则，则区域生长终止。灰度级、纹理和颜色准则都是局部性质，没有考虑到区域生长的历史信息，更进一步的处理方法是考虑已加入生长区域的这些历史信息，比如考虑待选像素与已加入生长区域的像素间的大小和相似性、生长区域的形状等信息。

例 8.4 用区域生长法对米粒图像（图 8.35）进行分割。

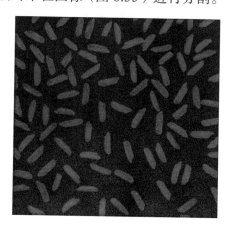

图 8.35 米粒图像

具体代码如下。

```
f=imread('1.tif');
s=90;
T=50;
f=double(f);
if numel(s)==1
    SI=f==s;
    s1=s;
else
    SI=bwmorph(s,'shrink',Inf);
    J=find(SI);
    s1=f(J);
end
TI=false(size(f));
for k=1:length(s1);
    seedvalue=s1(k);
    s=abs(f-seedvalue)<=T;
    TI=TI|s;
end
[g,NR]=bwlabel(imreconstruct(SI,TI));
figure;imshow(g)
```

程序运行结果如图 8.36 所示。

其中 bwmorph 函数用于把 s 中的每个区域与种子点链接的数目减小为 1，imreconstruct 函数用于找到连接到每个种子点的像素。

图 8.36　程序运行结果

8.4.2　区域分裂合并法

区域分裂合并法可以理解为区域生长法的逆过程，从整个图像出发，按照某种分裂准则不断分裂，得到若干不相交的子区域，将分裂之后满足相似性准则的相邻子区域合并。相似性准则以区域的某种特性（如灰度、颜色、统计特性等）的均匀性作为准则。

典型的分割技术是以图像四叉树或金字塔作为基本数据结构的分裂合并法。下面以四叉树法为例，介绍区域分裂合并法。

四叉树的结构要求输入图像 $f(x,y)$ 的大小为 2 的整数次幂，图像可以连续进行四次等分，一直分到正方形的大小正好与像素的大小相等为止，即设 R 代表整个正方形图像区域，一个四叉树从最高层——0 层开始，把 R 连续分成越来越小的正方形子区域 R_i，不断地将子区域 R_i 进行四等分，最终使子区域 R_i 处于不可分状态，如图 8.37 所示。

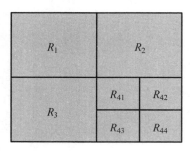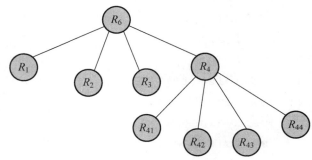

图 8.37　四叉树结构

图像的四叉树分解是指将一幅图像分解成一个个具有相同特性的子块。这种方法能揭示图像的结构信息，同时是自适应压缩算法的第一步。四叉树分解可以使用 qtedcomp(I) 函数，首先将一幅方块图像分解成四个小方块图像。然后检测每个子区域中像素值是否满足规定的同一性标准，如果满足同一性标准，则不再分解；如果不满足同一性标准，则继续分解，这也是一个迭代过程。最后合并子区域，结果是多个尺寸不相等的区域。

例 8.5 以四叉树作为基本数据结构，进行区域分裂合并法的分割。

```
I=imread('liftingbody.png');
S=qtdecomp(I,.27);  %｛进行四叉树分解，返回四叉树结构稀疏矩阵，0.27
```
是设定的阈值，分割图像区域，直到子区域中的最大值和最小值不大于该阈值 %｝
```
blocks=repmat(uint8(0),size(S));
for dim=[512 256 128 64 32 16 8 4 2 1]  %定义新区域显示分块
    numblocks=length(find(S==dim));  % numblocks 得到的是各子
```
区域的可能维数
```
    if(numblocks>0)  %用 if 判断语句找出分块的现有维数
        values=repmat(uint8(1),[dim dim numblocks]);
        values(2:dim,2:dim,:)=0;
        blocks=qtsetblk(blocks,S,dim,values);
    end
end
blocks(end,1:end)=1;
blocks(1:end,end)=1;
imshow(I);title(' 原始图像 ');
figure;imshow(blocks,[]);title(' 四叉树分割图像 ');
```

程序运行结果如图 8.38 所示。

（a）原始图像

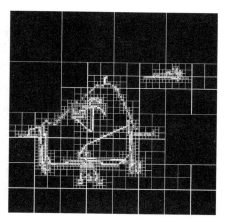
（b）四叉树分割图像

图 8.38　程序运行结果

本章小结

　　本章主要介绍了图像分割的相关知识。图像分割是指根据灰度、彩色、空间纹理、几何形状等特征把图像划分成若干互不相交的区域。还介绍了比较简单直接的点检测，重点是选取合适的掩模，利用 imfilter 线性滤波的方法，设置一个合理的阈值，以实现点检测。同时介绍了线检测，与点检测相比，线检测复杂一些。线检测有两种方式，一种是利用线检测模板进行线检测，另一种是利用霍夫变换进行直线检测。虽然点检测和线检测在任何关于图像分割的讨论中都很重要，但到目前为止，边缘检测的通用方法是检测亮度值的不连续性。还介绍了最简单的基于直方图的全局阈值处理方法和一个简单的迭代法——自动选择阈值的方法。如果是更复杂的图像，就需要用其他阈值计算方法。Otsu 算法是一种对图像进行二值化的高效算法，是一种自适应的阈值确定方法。另外，讲解了区域生长法和区域分裂合并法。区域生长是从单个生长点开始，通过不断接纳满足相似性准则的新生长点，得到整个区域。相当于从树的叶子开始，直到树的根部，最终完成图像区域分割。区域分裂合并法是指从树的某层开始，由上到下决定每个像素的区域类归属。

本章习题

1. 噪声对利用直方图取阈值进行图像分割的算法有哪些影响？
2. 什么是图像边缘？常见的边缘信号有哪几种？
3. 简述边缘检测的原理。
4. 找一幅二值图像，试着完成霍夫变换，检测图像中的直线和圆形。
5. LoG 算子的基本原理是什么？它具有哪些特点和作用？
6. 选择一幅灰度图像，用最大类间方差法进行分割，根据最大类间方差法原理写出 MATLAB 程序，并给出分割结果。
7. 试简述区域分裂合并法的基本原理。

知识扩展

1998 年以来，人工神经网络识别技术引起了广泛关注，并且应用于图像分割。基于神经网络的分割方法的基本思想是通过训练多层感知机得到线性决策函数，再用决策函数对像素进行分类以达到分割目的。这种方法需要大量的训练数据。神经网络存在大量的连接，容易引入空间信息，能较好地解决图像中的噪声和不均匀问题。选择网络结构是这种方法解决的主要问题。

图像分割是图像识别和计算机视觉至关重要的预处理。没有正确的分割就不可能有正确的识别。但是，分割时仅有的依据是图像中像素的亮度及颜色，由计算机自动处理分割时，将会遇到各种困难，如光照不均匀、噪声的影响、图像中存在不清晰的区域、存在阴影等。因此，图像分割需要进一步研究。人们希望引入一些人为的知识导向和人工智能的方法，用于纠正某些分割中的错误，虽然这是很有前途的方法，但是提高了解决问题的复杂性。

在通信领域，图像分割技术对可视电话等活动图像的传输很重要，需要把图像中的活动部分与静止的背景分开，还要把活动部分中位移量不同的区域分开，对不同运动量的区域用不同的编码传输，以降低传输所需的比特率。

第 9 章

形态学处理

课时：本章建议 4 课时。

教学目标

1. 掌握二值图像集合运算与逻辑运算。
2. 了解膨胀与腐蚀的定义，掌握膨胀和腐蚀运算。
3. 掌握开运算、闭运算、击中或击不中变换。
4. 掌握图像的标记与测量。
5. 掌握灰度形态学的应用。

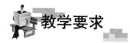

教学要求

知识要点	能力要求	相关知识
问题的提出	了解图像分割后二值图像存在的问题	
二值图像集合运算与逻辑运算	1. 掌握二值图像集合运算 2. 掌握二值图像逻辑运算	与、或、非、差
膨胀与腐蚀	1. 了解膨胀与腐蚀的定义 2. 掌握膨胀与腐蚀运算	膨胀、腐蚀
膨胀与腐蚀的组合	掌握开运算、闭运算、击中或击不中变换	
图像的标记与测量	1. 掌握图像的标记 2. 掌握图像的测量	四邻接、八邻接
灰度图像形态学	1. 掌握使用开运算和闭运算做形态学平滑 2. 掌握使用形态学图像梯度运算进行图像锐化 3. 掌握使用顶帽变换消除不均匀背景 4. 掌握使用形态学开运算做粒度分析	

思维导图

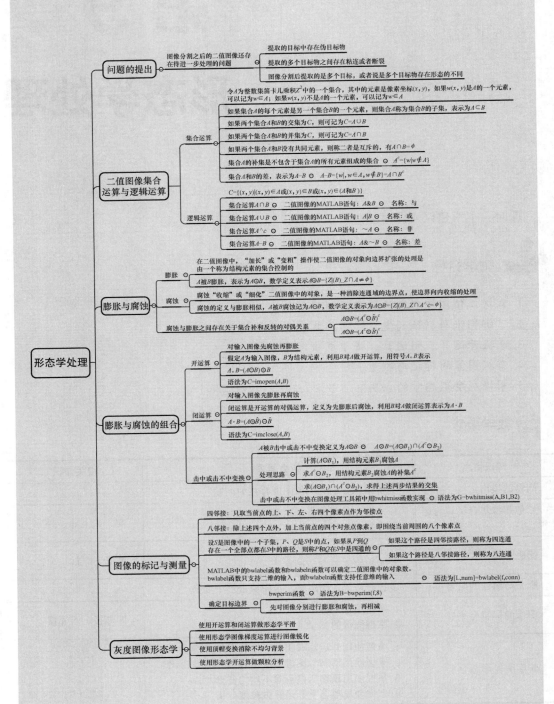

9.1 问题的提出

数学形态学兴起于 20 世纪 60 年代，是一种新型非线性算子，着重研究图像的几何结构，在图像识别、显微图像分析、医学图像、工业图像、机器人视觉方面有十分重要的应用。根据操作对象的不同，数学形态学操作可以分为二值形态学和灰度形态学两种。

前面已经介绍了图像分割方法及作用。图像分割后，通常获得的是二值图像。在理想情况下，希望二值图像中的两个值准确地代表目标及背景两种对象。但实际上，往往检测到的目标只是候补目标，即图像分割之后的二值图像还存在待进一步处理的问题，可以归纳为以下三类。

问题的提出

第一类问题是提取的目标中存在伪目标物。对图 9.1（a）所示的图像进行图像分割，得到图 9.1（b）所示的二值图像，目标物是两辆汽车，但是除了提取到两辆汽车外，还存在一些伪目标物（圆圈标记的部分）。在这个例子中，汽车的阴影部分也是一种典型的伪目标物。需要进一步对二值图像进行数学形态学处理，实现目标物完全提取，如图 9.1（c）所示。

（a）原始图像　　　　　　　（b）二值图像　　　　　　（c）目标物完全提取

图 9.1　汽车图像

图 9.2（a）所示是印章图像，为了获得印章目标物，对图像进行基于灰度值的图像分割，得到图 9.2（b）所示的二值图像。需要对图像进一步处理，去除伪目标物，得到图 9.2（c）所示的结果。

（a）印章图像　　　　　　　（b）二值图像　　　　　（c）去除伪目标物后的结果

图 9.2　印章图像

第二类问题是提取的多个目标物之间存在粘连或者断裂。图 9.3（a）所示是水中气泡图像。图像分割之后存在目标物粘连情况，如图 9.3（b）所示圆圈标记的部分，需要进一步对图像断开粘连，得到理想的提取结果，如图 9.3（c）所示。

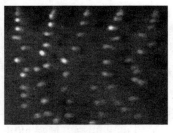
（a）水中气泡图像

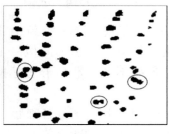
（b）目标物粘连

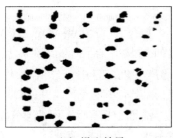
（c）提取结果

图 9.3　水中气泡图像

第三类问题是经过图像分割之后提取的是多个目标，或者说是多个目标物形态不同，如图 9.4 所示。

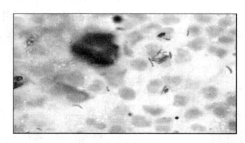
（a）原始图像

（b）多个目标物提取

图 9.4　多个目标物提取

基于以上情况，有必要进一步对二值图像进行分析和处理。分析二值图像，首先区分提取的不同目标物，然后描述和计算不同目标物的特征差异，最后获得提取结果。

对于二值图像来说，数学形态学可以用于边界提取、骨架提取、孔洞填充、角点提取、图像重建，基本运算有腐蚀、膨胀、开启和闭合，并且在二值图像和灰度图像中的特点不同。

9.2　二值图像集合运算与逻辑运算

二值图像集合运算与逻辑运算

由于形态学的数学基础和所用语言是集合论，因此具有完备的数学基础，为图像分析和处理、形态滤波器的特性分析和系统设计奠定了坚实的基础。

令 A 为整数集笛卡儿积 Z^2 中的一个集合，其中的元素是像素坐标 (x, y)，如果 $w(x, y)$ 是 A 的元素，则记为 $w \in A$；如果 $w(x, y)$ 不是 A 的元素，则记为 $w \notin A$。

如图 9.5 所示，如果集合 A 中的每个元素都是另一个集合 B 的元素，则称集合 A 为集合 B 的子集，记为 $A \subset B$。

如果两个集合 A 和 B 的并集为 C，则记为 $C = A \bigcup B$。

如果两个集合 A 和 B 的交集为 C，则记为 $C = A \bigcap B$。

如果两个集合 A 和 B 没有共同元素，则称二者是互斥的，有 $A \bigcap B = \phi$。

集合 A 的补集是不包含于集合 A 的所有元素组成的集合，记为 $A^c = \{w | w \notin A\}$。

集合 A 和集合 B 的差，表示为 $A-B$，定义 $A - B = \{w |, w \in A, w \notin B\} = A \bigcap B^c$。

集合间的关系如图 9.5 所示。

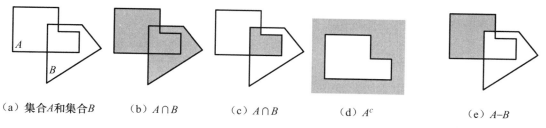

（a）集合 A 和集合 B　　　（b）$A \bigcap B$　　　（c）$A \bigcap B$　　　（d）A^c　　　（e）$A-B$

图 9.5　集合间的关系

实际上，形态学理论把二值图像看成前景像素的集合，集合的元素属于整数集笛卡儿积 Z^2。集合运算包括集合的并集和交集，可以直接应用于二值图像集合。如果 A 和 B 是二值图像，则 $C = A \bigcup B$ 仍然是二值图像；如果 A 和 B 的相应像素是前景像素，则 C 中的该像素也是前景像素。运用集合的观点，定义

$$C = \{(x,y) | (x,y) \in A \ 或 \ (x,y) \in B \ 或 \ (x,y) \in (A \ 和 \ B)\} \tag{9.1}$$

前面定义的集合运算能够在二值图像上用 MATLAB 的逻辑运算符 OR(|)、AND(&) 和 NOT(～) 执行。集合运算见表 9.1。

表 9.1　集合运算

集合运算	二值图像的 MATLAB 语句	名称
$A \bigcap B$	$A \& B$	与
$A \bigcup B$	$A	B$	或
A^c	$\sim A$	非
$A - B$	$A \& \sim B$	差

9.3　膨胀与腐蚀

二值图像的一种主要处理是对提取的目标图形进行形态分析，基本方法是膨胀与腐蚀。膨胀与腐蚀是两个互为对偶的运算。

▶
膨胀与腐蚀

9.3.1 膨胀

膨胀是在二值图像中"加长"或"变粗"的操作，使二值图像的对象向边界扩张，由一个称为结构元素的集合控制。图 9.6 所示为膨胀示例。

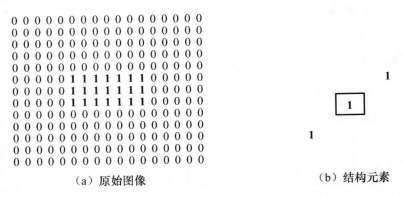

（a）原始图像　　　　　　　　　（b）结构元素

图 9.6　膨胀示例

图 9.6（a）所示为包含一个矩形对象的简单二值图像；图 9.6（b）所示为一个结构元素，结构元素总是具有特定尺寸和形状，如本例中是一条 3 个像素长的斜线。结构元素是一个由 0 和 1 组成的集合，这里为了方便，用 1 表示结构元素的有效区域。结构元素的原点已经用方框标明，如图 9.7 所示。

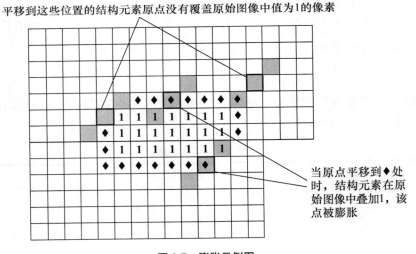

平移到这些位置的结构元素原点没有覆盖原始图像中值为1的像素

当原点平移到◆处时，结构元素在原始图像中叠加1，该点被膨胀

图 9.7　膨胀示例图

膨胀可将结构元素的原点平移过整个图像区域，并且核对与值为 1 的像素重叠的区域。当结构元素的原点放在一个值为 0 的背景点上时，判断重叠区域是否与值为 1 的像素重叠。如果结构元素覆盖的区域至少重叠了一个值为 1 的像素，那么结构元素原点对应的值为 1 的像素被膨胀为 1。在本例中，膨胀后的输出图像是一幅二值图像，如图 9.8 所示。

```
0 0 0 0 0 0 0 0 0 0 0 0 0 0 0 0 0
0 0 0 0 0 0 0 0 0 0 0 0 0 0 0 0 0
0 0 0 0 0 0 0 0 0 0 0 0 0 0 0 0 0
0 0 0 0 0 0 0 0 0 0 0 0 0 0 0 0 0
0 0 0 0 0 1 1 1 1 1 1 1 0 0 0 0 0
0 0 0 0 1 1 1 1 1 1 1 1 0 0 0 0 0
0 0 0 0 1 1 1 1 1 1 1 1 0 0 0 0 0
0 0 0 0 1 1 1 1 1 1 1 1 0 0 0 0 0
0 0 0 0 1 1 1 1 1 1 1 0 0 0 0 0 0
0 0 0 0 0 0 0 0 0 0 0 0 0 0 0 0 0
0 0 0 0 0 0 0 0 0 0 0 0 0 0 0 0 0
0 0 0 0 0 0 0 0 0 0 0 0 0 0 0 0 0
0 0 0 0 0 0 0 0 0 0 0 0 0 0 0 0 0
```

图 9.8　输出图像

9.3.2　腐蚀

腐蚀可以"收缩"或"细化"二值图像中的对象，是一种消除连通域的边界点，使边界向内收缩的处理方法。腐蚀可以从二值图像中消除不相关的细节。图 9.9 所示为腐蚀示例。

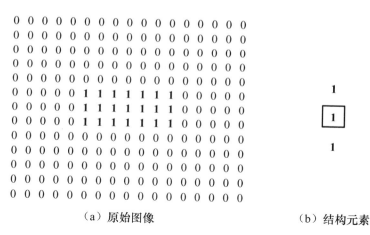

（a）原始图像　　　　　　　　（b）结构元素

图 9.9　腐蚀示例

对于图 9.9（b）中的 3 个像素长的直线结构元素，结构元素的原点定位在待处理的目标像素上，通过判断是否完全覆盖确定该点是否被腐蚀为 0。如果结构元素的覆盖区域至少包含一个值为 0 的背景点，则结构元素覆盖的值为 1 像素点被腐蚀为 0。通俗来讲，可以把结构元素想象成一个橡皮擦，比橡皮擦小的目标物被擦除了。对于图 9.10（a）中左下角圆圈内的目标像素点，结构元素覆盖的区域包含背景点，该点被腐蚀为背景，结构元素的原点依次定位到下一个目标像素点，依此类推，直到图像所有点处理完毕，如图 9.10（b）所示。

在这些位置上输出为0，因为结构元素叠加在背景上

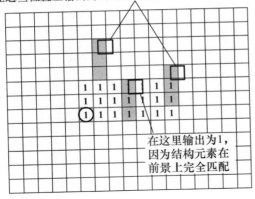

（a）腐蚀示意

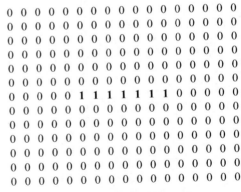

（b）腐蚀结果

在这里输出为1，因为结构元素在前景上完全匹配

图 9.10　腐蚀示意与腐蚀结果

9.3.3　膨胀和腐蚀的定义

数学上，膨胀定义为集合运算。A 被 B 膨胀表示为 $A \oplus B$，数学定义表示为

$$A \oplus B = \left\{ z \mid (\hat{B})_z \bigcap A \neq \phi \right\} \tag{9.2}$$

其中，ϕ 为空集，A 被 B 膨胀是所有结构元素原点位置的集合；B 为结构元素；$\hat{B}$ 为 B 关于坐标原点的映射（对称集），$(\hat{B})_z$ 为对 $\hat{B}$ 进行位移为 z 的平移。平移之后的 B 至少与 A 的某些值为 1 的像素部分重叠，使满足该条件的所有结构元素原点位置组成的集合就是膨胀结构。

图 9.10 没有显示出结构元素的映射对称集，因为上面提到的结构元素是关于原点对称的，如果结构元素是非对称的，就需要考虑结构元素。

腐蚀的定义与膨胀类似，A 被 B 腐蚀记为 $A \ominus B$，数学定义表示为

$$A \ominus B = \left\{ z \mid (B)_z \bigcap A^c = \phi \right\} \tag{9.3}$$

A 被 B 腐蚀是所有结构元素原点的位置的集合，其中平移的结构元素 B 与图像 A 的背景不叠加。

例 9.1　膨胀的 MATLAB 应用实例。

图 9.11 所示是一幅样本二值图像，图像中包含字符残缺的文本，下面对它进行膨胀处理。输入命令读取图像，形成一个结构元素矩阵，执行膨胀运算并显示结果。应用 **imdilate** 函数进行膨胀运算，语法为

```
A2=imdilate(A,B)
```

其中，A2 和 A 都是二值图像；B 是指定结构元素的由 0 和 1 组成的矩阵。

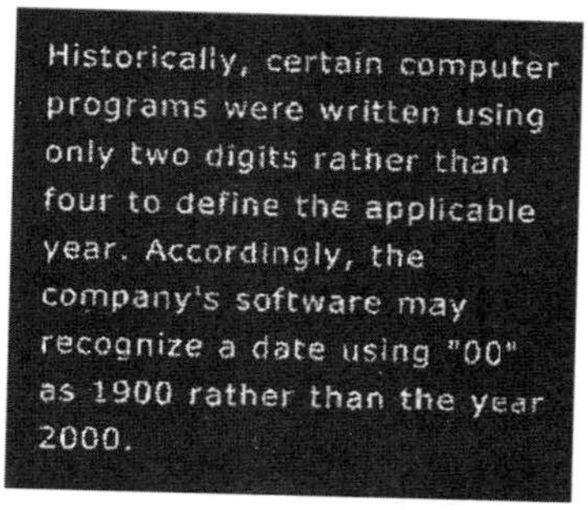

Historically, certain computer programs were written using only two digits rather than four to define the applicable year. Accordingly, the company's software may recognize a date using "00" as 1900 rather than the year 2000.

图 9.11　样本二值图像

具体代码如下。

```
A=imread('text_gaps.tif');
B=[0 1 0;1 1 1;0 1 0];
A2=imdilate(A,B);
imshow(A2);
```

程序运行结果如图 9.12 所示。

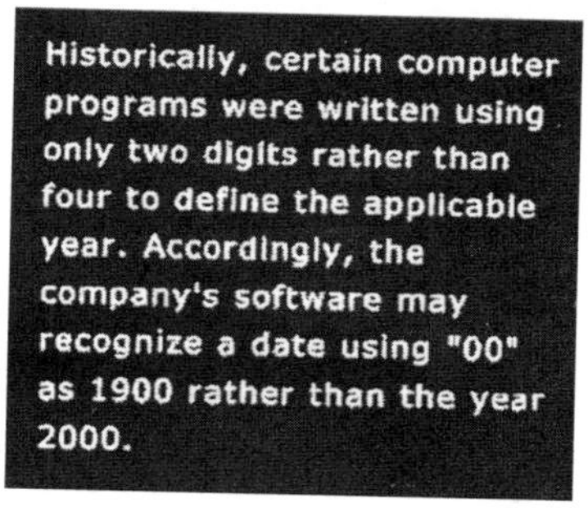

Historically, certain computer programs were written using only two digits rather than four to define the applicable year. Accordingly, the company's software may recognize a date using "00" as 1900 rather than the year 2000.

图 9.12　程序运行结果

由图 9.12 可以看到，有些文本的残缺部分被填充，断裂的文字被连接起来。

除了手动形成一个结构元素矩阵外，图像处理工具箱中的 strel（structure element）函数可以构造各种形状和尺寸的结构元素。strel 函数的语法为

```
se=strel(shape,parameters)
```

其中，shape 是指定希望形状的字符串；parameters 是指定尺寸信息的一列参数。比如 strel('diamond',5) 返回一个沿水平轴和垂直轴扩展正负 5 个像素的菱形结构元素。读者可自行查阅 strel 函数的各种语法形式。

例 9.2　腐蚀的 MATLAB 应用实例。

腐蚀能收缩或者细化对象。假设要除去图 9.13 所示二值图像中的细线，但想保留其他结构，可以选取一个足够小的结构元素匹配中心方块。

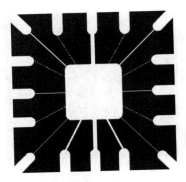

图 9.13　二值图像

具体代码如下。

```
se=strel('disk',10);
A2=imerode(A,se);
imshow(A2);
```

程序运行结果如图 9.14 所示。

图 9.14　程序运行结果

由图 9.14 可以看到，图 9.13 中的细线被成功删除。下面进一步了解结构元素选择过小或过大的情况。

结构元素为 6 时，具体代码如下。

```
se=strel('disk',6);
A3=imerode(A,se);
imshow(A3);
```

程序运行结果如图 9.15 所示。

结构元素为 20 时，具体代码如下。

```
se=strel('disk',20);
A3=imerode(A,se);
imshow(A3);
```

程序运行结果如图 9.16 所示。

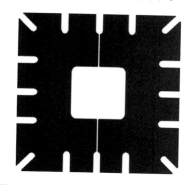

图 9.15　程序运行结果（结构元素为 6）

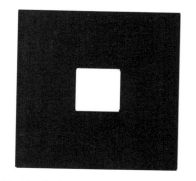

图 9.16　程序运行结果（结构元素为 20）

可以看到，结构元素为 6 时，一些引线没有去除；结构元素为 20 时，边框和引线都去除了。说明结构元素不同，可以腐蚀不同的图像不相关细节，需要选取合适的结构元素的形状和尺寸进行膨胀及腐蚀。

9.4　膨胀与腐蚀的组合

9.4.1　开运算和闭运算

腐蚀可以消除细小的连接和颗粒噪声，膨胀可以连接缺口、填充细小的洞。在图像处理的实际应用中，更多的是组合使用膨胀和腐蚀。下面介绍三种常用的膨胀与腐蚀的组合：开运算（Open）、闭运算（Close）、击中或击不中变换。

膨胀与腐蚀的组合

开运算和闭运算是腐蚀与膨胀的组合，对输入图像先腐蚀再膨胀为开运算，先膨胀再腐蚀为闭运算。

假设 A 为输入图像，B 为结构元素，利用 B 对 A 做开运算用符号 $A \circ B$ 表示，定义为

$$A \circ B = (A \ominus B) \oplus B \tag{9.4}$$

开运算是 A 先被 B 腐蚀，再被 B 膨胀的结果。开运算通常可以消除小对象物体，在纤细点处分离物体，在平滑较大物体的边界的同时，不明显地改变其体积。清除小对象物体和分离物体是第一步腐蚀的结果，但物体体积减小了，再进行膨胀可以增大体积。

闭运算是开运算的对偶运算，使用 B 对 A 做闭运算用符号 $A \cdot B$ 表示，定义为

$$A \cdot B = \left(A \oplus \hat{B} \right) \ominus \hat{B} \tag{9.5}$$

闭运算同样使轮廓线更光滑，但与开运算不同的是，它通常连通狭窄的间断和细长的鸿沟，并填补轮廓线中的断裂部分。

腐蚀与膨胀之间存在关于集合补和反转的对偶关系：

$$A \oplus B = \left(A^c \Theta \hat{B} \right)^c \tag{9.6}$$

$$A \Theta B = \left(A^c \oplus \hat{B} \right)^c \tag{9.7}$$

与腐蚀和膨胀的关系相同，开运算和闭运算也是关于集合补和反转的对偶：

$$(A \cdot B)^C = A^C \circ \hat{B} \tag{9.8}$$

$$(A \circ B)^C = A^C \cdot \hat{B} \tag{9.9}$$

开运算和闭运算在图像处理工具箱中分别用 imopen 函数和 imclose 函数实现。利用结构元素 B 对二值图像 A 进行开运算和闭运算，得到输出图像 C，对应语法为

```
C=imopen(A,B)
```

和

```
C=imclose(A,B)
```

例 9.3　imopen 函数和 imclose 函数的应用。

图 9.17 所示图像包含了细长的凸出部分、细长的连线、弯口、孤立的小洞、小的孤立物和齿状边缘，这些特征刚好可以说明开运算和闭运算的特有结构。使用 20×20 的结构元素对该图像进行开运算。

图 9.17　原始图像

具体代码如下。

```
f=imread('shapes.tif');
se=strel('square',20);
fo=imopen(f,se);
imshow(fo);
```

程序运行结果如图 9.18 所示。

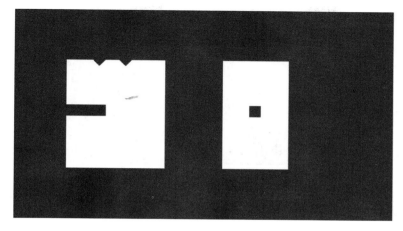

图 9.18　程序运行结果

从图 9.18 可以看出，细长的凸出部分和指向外部的齿状边缘被去除，细长的连线和小的孤立物也被去除。运行如下代码，产生闭运算的结果。

```
fc=imclose(f,se);
imshow(fc);
```

程序运行结果如图 9.19 所示。

图 9.19　程序运行结果

从图 9.19 可以看出，细长的弯口、指向内部的齿状边缘和孤立的小洞都被去除。

开运算和闭运算可以组合使用，能够非常有效地去除噪声。在之前开运算的结果上做闭运算，具体代码如下。

```
foc=imclose(fo,se);
imshow(foc);
```

程序运行结果如图 9.20 所示。

图 9.20　程序运行结果

图 9.20 所示为先进行开运算再进行闭运算的平滑结果，可以看出非常成功地平滑了图像。

9.4.2　击中或击不中变换

很多时候需要识别像素的特定形状，比如孤立的前景像素、线段的端点像素，此时可以使用击中或击不中变换。击中或击不中变换可以同时探测图像的内部和外部。

A 被 B 击中或击不中变换定义为 $A \otimes B$。其中，B 是一个结构元素对 $B = (B_1, B_2)$，而不是单个元素。击中或击不中变换定义为

$$A \otimes B = (A \Theta B_1) \bigcap (A^c \Theta B_2) \tag{9.10}$$

击中或击不中变换的处理思路如下。

（1）计算 $A \Theta B_1$，用结构元素 B_1 腐蚀 A。

（2）求 $A^c \Theta B_2$，用结构元素 B_2 腐蚀 A 的补集 A^c。

（3）求 $(A \Theta B_1) \bigcap (A^c \Theta B_2)$，求得上述两步结果的交集。

击中或击不中变换在图像处理工具箱中用 bwhitmiss 函数实现，语法为

```
G=bwhitmiss(A,B1,B2)
```

其中，G 为结果；A 为输入图像；B1 和 B2 为结构元素。

例 9.4　用击中或击不中变换定位图像中对象的左上角像素。

首先，击中方面，要定位东、南邻域像素的前景像素。其次，击不中方面，要定位东北、北、西北、西和西南邻域像素的前景像素，这样定位到的像素就是对象的左上角像素，从而形成两个结构元素 B1 和 B2。

```
B1=strel([0 0 0;0 1 1;0 1 0])
B2=strel([1 1 1;1 0 0;1 0 0])
```

然后使用 bwhitmiss 函数进行计算。

```
G=bwhitmiss(A,B1,B2);
imshow(G);
```

程序运行结果如图 9.21 所示。

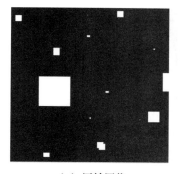

（a）原始图像 　　　　　　　　　（b）击中或击不中变换后的图像

图 9.21　程序运行结果

从图 9.21 可以看出，击中或击不中变换后的图像中的每个像素点都是原始图像中对象的左上角像素。

9.5　图像的标记与测量

9.5.1　连通区域标记

数字图像可以看作像素点的集合。邻接和连通是图像的基本集合特征，主要研究像素或由像素构成的目标物之间的关系。邻接通常有以下两种定义方法。

（1）四邻接（图 9.22）：只取当前点的上、下、左、右四个像素点做邻接点。当前像素为黑，其四个近邻像素中至少有一个为黑。

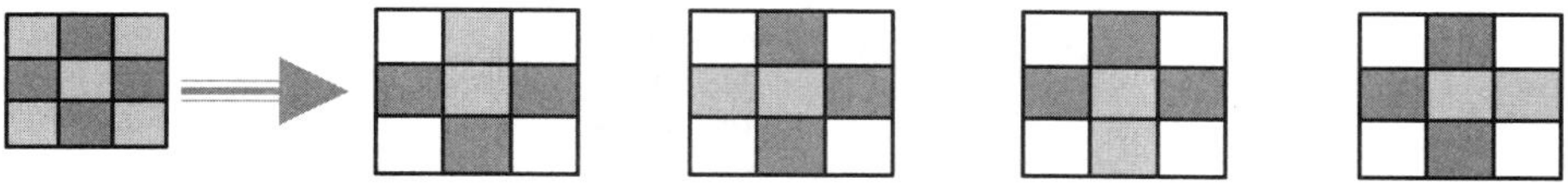

图 9.22　四邻接

（2）八邻接（图 9.23）：与四邻接类似，当前像素上、下、左、右四个方向，加上左上、左下、右上、右下四个沿对角线方向相邻像素，即围绕当前点周围的八个像素点。当前像素为黑，其八个近邻像素中至少有一个为黑。

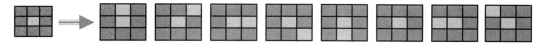

图 9.23　八邻接

设 S 是图像中的一个子集，P、Q 是 S 中的点。如果从 P 到 Q 存在一个全部点都在 S 中的路径，则称 P 和 Q 在 S 中是连通的。如果这个路径是四邻接路径，则称它们是四连通；如果这个路径是八邻接路径，则称它们是八连通。

用阴影标记图 9.24 所示的前景像素，虚线框内的两个像素是八连通，而不是四连通。为了区分连通域，求得连通区域数，连通区域的标记不可缺少。

图像的标记
与测量

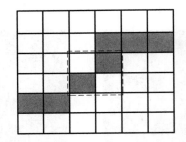

图 9.24 连通域

MATLAB 环境中的 bwlabel 函数和 bwlabeln 函数可以确定二值图像中的对象数。bwlabel 函数只支持二维输入，而 bwlabeln 函数支持任意维输入。bwlabel 函数的语法为

```
[L,num]=bwlabel(f,conn)
```

其中，f 是一幅二值图像；conn 用于指定期望的连接（取值是 4 或者 8，默认取 8）；L 是标记矩阵；num 给出找到的连通区域数，可以省略。

例 9.5 用 bwlabel 函数计算和显示图 9.25 中的连通区域的质心。

图 9.25 原始图像

首先，用 bwlabel 函数计算八连通区域。调用 find 函数，返回属于第 k 个连通区域的所有像素的行索引和列索引，行索引存入向量 r 中，列索引存入向量 c 中；然后，利用 mean 函数计算第 k 个连通区域的质心，因为 bwlabel 函数可以获取所有连通区域，所以需要用一个循环计算和显示图像中全部对象的质心；最后，用两个 plot 函数实现质心的标记功能。

```
[L,n]=bwlabel(f);  % 计算八邻接图像的所有连接分量
imshow(f);hold on;
for k=1:n
    [r,c]=find(L==k);
    rbar=mean(r);
    cbar=mean(c);
```

```
plot(cbar,rbar,'Marker','o','MarkerEdgeColor','k','MarkerFace
Color','k','MarkerSize',10);
        plot(cbar,rbar,'Marker','*','MarkerEdgeColor','w');
end
```

程序运行结果如图 9.26 所示。

图 9.26　程序运行结果

从图 9.26 可以看到，质心清晰地显示在图像上，用中心为白色星号的黑色圆标记。

9.5.2　边界测定

MATLAB 环境中的 bwperim 函数可以确定图像的目标边界。利用 bwperim 函数获取图 9.25 的目标像素边界，语法为

```
B=bwperim(f,8)
```

程序运行结果如图 9.27 所示。

图 9.27　程序运行结果

还可以通过膨胀和腐蚀以及图像的减法获取边界，具体代码如下。

```
se=strel('square',3);
J=imdilate(f,se);
K=imerode(f,se);
B=J-K;
imshow(b);
```

程序运行结果如图 9.28 所示。

图 9.28　程序运行结果

先分别对图像进行膨胀和腐蚀，再相减，也可以得到目标区域的边界。

9.5.3　计算连通域的面积

图像处理工具箱提供的 bwarea 函数可以计算面积，面积是图像中的前景像素数。但是 bwarea 函数并不是简单地计算非 0 像素数，而是在计算面积的过程中，为不同的像素赋予不同的权值，这个加权的过程就是弥补用离散图像代替连续图像产生误差的过程。例如，图像中 50 个像素的对角线比 50 个像素的水平线长，经过加权，bwarea 函数返回 50 个像素的水平面积为 50，而返回 50 个像素的对角线面积为 62.5。

例 9.6　在 MATLAB 环境中，应用 bwarea 函数计算膨胀前后的图像面积。

```
se=ones(5);
G=imdilate(f,se);
disp('膨胀前的面积为：')
disp(bwarea(f));
disp('膨胀后的面积为：')
disp(bwarea(G));
```

程序运行结果如图 9.29 所示。

膨胀前的面积为：
1.5376e+003

膨胀后的面积为：
2.6094e+003

图 9.29　程序运行结果

实际上，经常先计算图像中某个区域的面积和周长，再根据它们的边界分析该区域代表的图像形状。

数学形态学中，重构通常用来强调图像中与掩模图像指定对象一致的部分，忽略图像中的其他对象。一般用 imreconstruct 函数实现重构。

9.6　灰度图像形态学

下面介绍灰度图像形态学的应用。

（1）使用开运算和闭运算做形态学平滑。

（2）使用形态学图像梯度运算进行图像锐化。

（3）使用顶帽变换消除不均匀背景。

（4）使用形态学开运算做颗粒分析。

除了击中或击不中变换外，二值形态学运算都可以扩展到灰度图像，灰度图像的膨胀和腐蚀是以像素邻域的最大值和最小值定义的。

膨胀定义为

$$f \oplus b(x,y) = \max\left\{f(x-x',y-y')\,|\,(x',y'\in D_b)\right\} \qquad (9.11)$$

腐蚀定义为

$$f \ominus b(x,y) = \min\left\{f(x+x',y+y')\,|\,(x',y'\in D_b)\right\} \qquad (9.12)$$

其中，定义中的结构元素 b 是平坦的结构元素，D_b 是结构元素的定义域，平坦的灰度膨胀是一个局部最大值算子。从式（9.11）和式（9.12）可以看出，最大值由 D_b 的形状确定的一系列像素邻域计算得来。平坦的灰度腐蚀是一个局部最小算子，最小值也是由 D_b 的形状确定的一系列像素邻域计算得来。

开运算定义为

$$f \circ b = (f \ominus b) \oplus b \qquad (9.13)$$

闭运算定义为

$$f \cdot b = (f \oplus b) \ominus b \qquad (9.14)$$

开运算用于去掉较小的亮点，即比结构元素小的亮色细节，同时保持亮区特性相对不变。闭运算用于去掉比结构元素小的暗色细节，同时保持暗区特性相对不变。

由于开运算可以去除比结构元素小的亮度细节，闭运算可以去除比结构元素小的暗色细节，因此经常将它们组合起来使用，以平滑图像、去除噪声。

例 9.7 使用开运算和闭运算做形态学平滑。

图 9.30 所示是一幅木按钉图片，先对图像进行开运算，得到图 9.31 所示的开运算结果，可以看到去掉了较小的亮色细节。

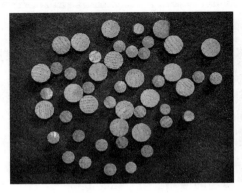

图 9.30 木按钉图片

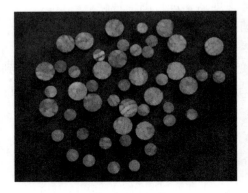

图 9.31 开运算结果

具体代码如下。

```
f=imread('wood.tif');
se=strel('disk',5);
fo=imopen(f,se);
```

对图像进行闭运算，得到图 9.32 所示的闭运算结果，可以看到去掉了较小的暗色细节。

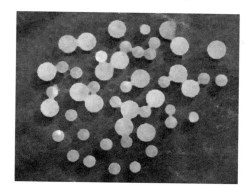

图 9.32　闭运算结果

具体代码如下。

```
fc=imclose(f,se);
```

对图像先进行开运算，再对开运算的结果进行闭运算，得到平滑图像，如图 9.33 所示。

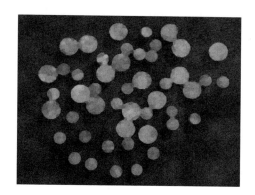

图 9.33　平滑图像

具体代码如下。

```
foc=imclose(fo,se);
```

以上是直接使用大小为 5 的圆形结构元素的结构。在很多应用中，可以使用交替顺序滤波的方法实现平滑。交替顺序滤波的一种形式是利用一组不断增大的结构运算进行先开运算后闭运算的滤波操作。例如，首先使用一个较小的结构元素，然后逐渐增大结构元素，多次进行开闭滤波，直到达到满意的滤波效果。这种平滑效果比直接使用较大结构元素一次开闭滤波的效果好。

例 9.8　使用形态学图像梯度运算进行图像锐化。

对于图像 f（图 9.34）及结构元素 b，常用的形态学梯度用腐蚀与膨胀之间的算术差计算，g 等于 f 与 b 的膨胀结果减去 f 与 b 的腐蚀结果，表示为

$$g = (f \oplus b) - (f \ominus b) \tag{9.15}$$

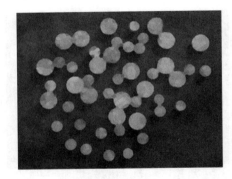

图 9.34　图像 f

　　膨胀后亮度区域会增大，腐蚀后亮度区域会减小，膨胀结果减去腐蚀结果得到的差值即边缘。膨胀结果减去腐蚀结果得到边缘的代码如下。

```
g1=imdilate(f,se)-imerode(f,se);
```

　　程序运行结果如图 9.35 所示。

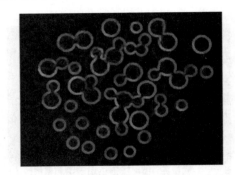

图 9.35　程序运行结果

　　也可以直接用膨胀结果减去原始图像，代码如下。

```
g2=imdilate(f,se)-f;
```

　　程序运行结果如图 9.36 所示。

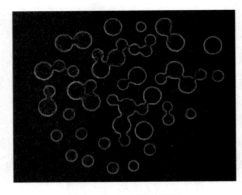

图 9.36　程序运行结果

从图 9.36 可以看出边缘较细。

还可以直接用原始图像减去腐蚀结果，得到较细的边缘，代码如下。

```
g3=f-imerode(f,se);
```

程序运行结果如图 9.37 所示。

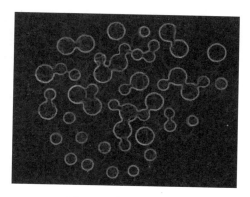

图 9.37　程序运行结果

以上三种方法都可以得到梯度边缘，将得到的边缘叠加到原始图像，可以实现基于形态学处理的图像增强。

例 9.9　使用顶帽变换消除不均匀背景。

对于图像 f 及结构元素 b，常用的顶帽变换定义为

$$g = f - (f \circ b) \qquad (9.16)$$

图 9.38（a）所示为原始图像，如果直接进行阈值分割，则得到的二值图像明显有欠分割的情况，如图 9.38（b）所示。这是因为图像底部的背景更黑，难以正确提取底部的米粒。

有一个思路，首先对图像进行开运算，得到对整个图像背景的合理估计，只要结构元素不能完全匹配米粒即可。开运算获得的背景估计如图 9.39（a）所示。然后用原始图像减去背景得到均匀背景图像，如图 9.39（b）所示。最后进行阈值分割，能很好地将米粒从背景分离出来。

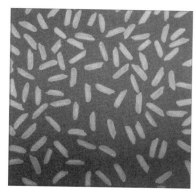

（a）原始图像

（b）直接进行阈值分割的图像

图 9.38　背景不均匀的米粒图像

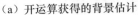

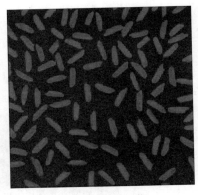

（a）开运算获得的背景估计　　　　　　　（b）均匀背景图像

图 9.39　背景估计与均匀背景图像

首先使用阈值分割方法，然后使用 imopen 函数进行开运算，最后使用 imsubtract 函数做减法，该过程称为顶帽变换，在图像处理工具箱中，封装使用 imtophat 函数。输入参数可以为灰度图像和结构元素。以上过程的 MATLAB 代码如下。

```
f=imread('rice.tif');
T=graythresh(f);
G1=im2bw(f,T);
figure;imshow(G1)
se=strel('disk',9);
fo=imopen(f,se);
figure;imshow(fo)
f2=imsubtract(f,fo);
T=graythresh(f2);
G2=im2bw(f2,T);
figure;imshow(G2)
G3=imtophat(f,se);
figure;imshow(G3)
```

例 9.10　使用形态学开运算做颗粒分析。

颗粒分析是指确定一幅图像中粒度分布的技术。形态学技术可以间接得到颗粒分布的度量，但这里的颗粒分析指的是分布情况，并不能准确识别每个颗粒的尺寸。

基本思想是当以某个特定尺寸对含有相近尺寸颗粒的图像区域进行开运算操作时，对输入图像的处理效果最好。实现方法是通过计算输入图像和输出图像之间的差异，对相近尺寸颗粒的相对数量进行测算。具体可以利用不断增大尺寸的形态学开运算，计算每次开运算结果中的所有像素值的和。图像中与结构元素尺寸相近的颗粒在对应开运算中被过滤掉，此时输入图像与输出图像之间的差异最大，求和曲线突变，突变处可以通过计算一阶微分度量。

对图 9.40 所示的图像进行粒度分析，观察图中有几种尺寸的对象。

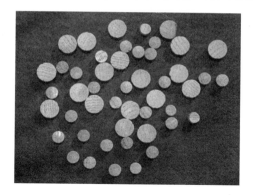

图 9.40　原始图像

通过肉眼观察可以看到有两种尺寸的对象，下面用算法进行分析，通过形态学处理分析图中的粒度分布。为了避免图像受噪声影响，可以先对图像进行平滑，如图 9.41 所示，再对平滑图像进行颗粒分析。

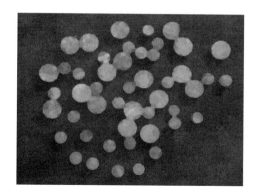

图 9.41　图像平滑

在 MATLAB 环境中，先进行不断增大尺寸的形态学开运算，再对每次开运算结果中的像素值求和，并存储到一个一维向量中，具体代码如下。

```
S=zeros(1,40)
for k=0:39
  se=strel('disk',k);
  fo=imopen(f,se);
  S(k+1)=sum(fo(:));
end
plot(0:39,S,'linewidth',2);
figure;
plot(diff(S),'linewidth',2);
```

程序运行结果如图 9.42 所示。

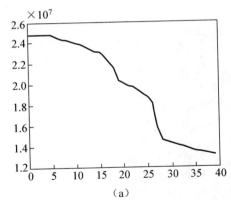 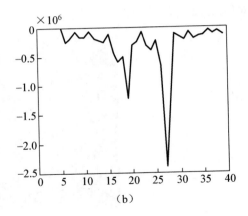

(a)　　　　　　　　　　　　　　　　(b)

图 9.42　程序运行结果

　　求得的一维向量 S 对应每次增大尺寸的开运算之后的对象像素值和。用 plot 曲线绘制 S 的变换曲线，可以看出连续开运算后，这些像素值和逐渐减小，该曲线单调递减，说明连续进行半径逐渐增大的开运算后，目标区域逐渐减小。这些递减的差异值代表了开运算前后图像的差异。通过进一步观察，可以看出单调递减的曲线有两处差异较明显，即单调递减曲线斜率的绝对值最大的两个位置。可以利用 diffence 函数定位这两个位置，得到图 9.42（b），得到的这两个位置变化显著，顶点半径就是结构元素的半径，刚好匹配图中的颗粒半径，从而得到粒度分析结果。

　　综上所述，灰度形态学主要有以下应用。

　　（1）使用开运算和闭运算的组合实现图像平滑。

　　（2）利用膨胀与腐蚀的差值实现图像边缘检测，利用形态学梯度做形态学增强处理。

　　（3）原始图像减去开运算后的图像称为顶帽变换。如果结构元素取得大到不能完全匹配图中的对象，则开运算可以产生对整个背景的合理估计，可见顶帽变换可以消除不均匀背景，在图像分割中有着广泛的应用。

　　（4）如果要对图中对象进行粒度分析，则可以应用不断增大尺寸的开运算，计算原始图像与开运算后的图像之间的差异，建立颗粒尺寸分布直方图，通过计算输入图像与输出图像之间的差异，也可以对相近尺寸颗粒的相对数量进行测算。

本章小结

　　本章首先学习了腐蚀、膨胀及其组合获得更复杂的二值形态学运算，将二值形态学的概念扩展到灰度图像并介绍一些实例应用。膨胀是在二值图像中"加长"或"变粗"的操作。腐蚀"收缩"或"细化"二值图像中的对象，是一种消除连通域的边界点，使边界向内收缩的处理方法。开运算和闭运算是腐蚀与膨胀的组合。对输入图像先腐蚀再膨胀为开运算，先膨胀再腐蚀为闭运算。击中或击不中变换可以同时探测图像的内部和外部。还介绍了连通区域标记、边界测定、对象选择、图像的面积测量等，使用开运算和闭运算做形态学平滑、使用形态学图像梯度运算做形态学锐化、使用顶帽变换做图像增强、使用形态学开运算做颗粒分析。

本章习题

1. 数学形态学有哪些用途？

2. 若采用一个半径为 0.5cm 的圆形作为结构元素，对半径为 2cm 的圆进行腐蚀和膨胀运算，分析结果。

3. 数学形态学的基本运算——腐蚀、膨胀、开运算和闭运算各有什么性质？试比较其异同。

4. 试编写一个程序，实现二值图像的腐蚀、膨胀及开运算、闭运算。

5. 试编写一个程序，实现灰度图像的腐蚀、膨胀及开运算、闭运算。

6. 开运算与腐蚀运算相比有什么优点？闭运算与膨胀运算相比有什么优点？

7. 假设在一幅二值图像中，目标表现为白色，且有部分粘连和断裂，如何消除粘连和断裂？

知识扩展

图像细化与粗化

图像细化是指二值图像骨架化的一种操作运算。细化是将图像的线条从多像素宽度减小到单位像素宽度过程的简称，一些文章将细化结果描述为"骨架化""中轴转换"或"对称轴转换"。骨架可以采用几何方法求出，也可以采用数学形态学的方法求出。用骨架表示线划图像能够有效减小数据量，降低图像的存储难度和识别难度。线划图（包括纸质地图、线画稿、手绘图等）的存储非常麻烦，使用起来也很不方便。例如，存储一张 A4 线划图需要 1MB 的容量。还有一些比较严重的问题——数据的修改、更新和显示。矢量化是解决这些问题的方法，但图像的宽度通常大于一个像素，会导致矢量化结果有非常大的问题，细化就成为模式识别和矢量化的先决条件。

细化的一个主要应用领域是位图矢量化的预处理阶段。相关研究表明，利用细化技术生成的位图的骨架质量受多种因素的影响，其中包括图像自身的噪声、线条粗细不均匀、端点确定及线条交叉点选定等，因而研究用细化线划图生成高质量骨架的方法具有重要意义。

根据算法步骤的不同，细化算法分为迭代细化算法和非迭代细化算法。根据检查像素方法的不同，迭代细化算法又分为串行细化算法和并行细化算法。

图像粗化是相对于图像细化而言的，可以用击中或击不中变换表示。

第10章

彩色图像处理

课时：本章建议 4 课时。

教学目标

1. 掌握彩色图像、灰度图像和二值图像之间的转换。
2. 掌握彩色空间之间的变换。
3. 掌握彩色图像滤波的基本原理和实现方法。
4. 掌握图像锐化的实现过程。
5. 掌握图像分割技术。

教学要求

知识要点	能力要求	相关知识
彩色图像、灰度图像和二值图像之间的转换	掌握彩色图像、灰度图像和二值图像之间的转换	彩色图像、灰度图像、二值图像
彩色空间之间的变换	掌握彩色空间之间的变换	RGB 模型、NTSC 彩色空间、YCbCr 彩色空间、HSV 彩色空间、HSI 彩色空间
彩色图像的空间滤波	1. 掌握彩色图像滤波的基本原理 2. 掌握彩色图像滤波的实现方法 3. 掌握图像锐化的实现过程	拉普拉斯算子
彩色图像分割	掌握图像分割技术	欧氏距离、马氏距离

思维导图

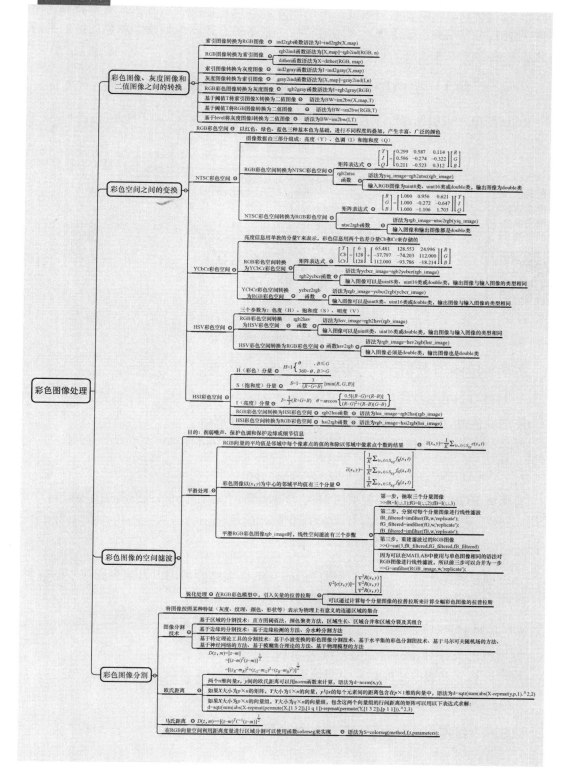

本章讨论利用图像处理工具箱进行彩色图像处理的基本原理和实现方法。在第 2 章已经初步了解彩色图像、索引图像、灰度图像、二值图像的表示方法，本章将具体学习图像类型之间的转换、彩色空间之间的转换、基本的彩色图像处理、彩色图像的平滑和锐化、彩色图像边缘检测、彩色图像分割等。

10.1　彩色图像、灰度图像和二值图像之间的转换

RGB 图像、索引图像、灰度图像之间可以相互转换，如图 10.1 所示。

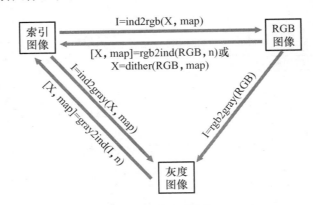

图 10.1　图像类型转换

函数 ind2rgb 将索引图像转换为 RGB 图像，语法为

`I=ind2rgb(X,map)`

使用颜色映射图 map 将索引图像 X 转换为 RGB 图像。

反之，从 RGB 图像转换为索引图像可以使用 rgb2ind 函数，语法为

`[X,map]=rgb2ind(RGB,n)`

直接将 RGB 图像转换为索引图像 X 并返回颜色映射图 map；或者使用 dither 函数，采用"抖动"方法从 RGB 图像创建索引图像，语法为

`X=dither(RGB,map)`

当处理彩色图像时，"抖动"主要与 ind2rgb 函数结合使用，以减少图像中的颜色。

使用 ind2gray 函数将索引图像转换为灰度图像，语法为

`I=ind2gray(X,map)`

使用颜色映射图 map 将索引图像 X 转换为灰度图像。

反之，从灰度图像转换到索引图像可以使用 gray2ind 函数，语法为

`[X,map]=gray2ind(I,n)`

直接将灰度图像转换为索引图像 X 并返回颜色映射图 map。

可以使用 rgb2gray 函数将 RGB 图像转换为灰度图像，语法为

```
I=rgb2gray(RGB)
```

RGB 图像、索引图像、灰度图像都可以转换为二值图像。

（1）基于阈值 T 将索引图像 X 转换为二值图像，语法为

```
BW=im2bw(X,map,T)
```

（2）基于阈值 T 将 RGB 图像转换为二值图像，语法为

```
BW=im2bw(RGB,T)
```

（3）基于 level 将灰度图像 I 转换为二值图像，语法为

```
BW=im2bw(I,T)
```

还可以使用"抖动"的方法将灰度图像转换为二值图像。"抖动"是一种在印刷业和出版业中常用的处理方法，关键是折中考虑视觉感受的精确性和计算的复杂度。

gray2ind 函数用于将灰度图像转换为索引图像，设 I 为原灰度图像，n 为灰度等级，默认为 64，map 中对应的颜色值为颜色图 gray(n) 中的颜色值，语法为

```
[X,map]=gray2ind(f,n)
```

例 10.1　在 MATLAB 环境中，将灰度图像转换为 16 色灰度级索引图像和 64 色灰度级索引图像。

```
f=imread('pugongying.jpg');
subplot(1,3,1),subimage(f);title(' 原灰度图像 ')
[X,map]=gray2ind(f,16);
subplot(1,3,2),subimage(X,map);title('16 色灰度级索引图像 ')
[X,map]=gray2ind(f,64);
subplot(1,3,3),subimage(X,map);title('64 色灰度级索引图像 ')
```

程序运行结果如图 10.2 所示。

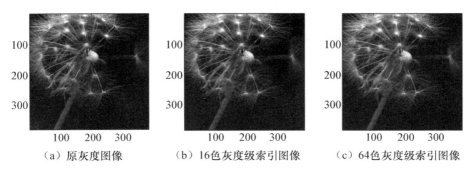

（a）原灰度图像　　　　（b）16色灰度级索引图像　　　　（c）64色灰度级索引图像

图 10.2　程序运行结果

grayslice 函数使用阈值对灰度图像进行阈值处理以产生索引图像，语法为

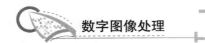

```
[X]=grayslice(gray_image,n);
```

索引图像可以看成由 imshow(X,map) 或 subimage(X,map) 通过长度适当的映射得到的。

例 10.2　在 MATLAB 环境中，将灰度图像转换为索引图像。

```
f=imread('pugongying.jpg');
subplot(2,2,1),subimage(f)
X=grayslice(f,16);
subplot(2,2,2),subimage(X,gray(16))     % 表示以 16 级灰度表示的
                                            索引图像

X=grayslice(f,32);
subplot(2,2,3),subimage(X,hot)          % 表示彩色表为 hot 的 32 色
                                            灰度级索引图像

X=grayslice(f,64);
subplot(2,2,4),subimage(X,jet)          % 表示彩色表为 jet 的 64 色
                                            灰度级索引图像
```

程序运行结果如图 10.3 所示。

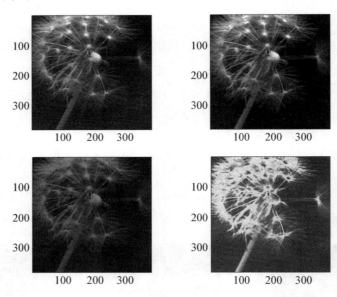

图 10.3　程序运行结果

将索引图像转换为 RGB 图像，语法为

```
rgb_image=ind2rgb(X,map);
```

将 RGB 图像转换为灰度图像，语法为

```
gray_image=rgb2gray(rgb_image);
```

用"抖动"方法将灰度图像转换为二值图像，语法为

```
gray_dither=dither(gray_image);
```

例 10.3 用"抖动"方法将灰度图像转换为二值图像。

```
gray_image=imread('pugongying.jpg');
gray_dither=dither(gray_image);
subplot(121),imshow(gray_image);title(' 原灰度图像 ')
subplot(122),imshow(gray_dither);title('dither')
```

程序运行结果如图 10.4 所示。

原灰度图像　　　　　　　　　　dither

图 10.4 程序运行结果

对灰度图像,"抖动"可以看作在白色背景上产生黑点的二值图像得到的灰色调。
表 10.1 所示为 MATLAB 图像类型转换。

表 10.1 MATLAB 图像类型转换

常用类型转换	语法形式	函数说明
索引图像到灰度图像	I=ind2gray(X, map)	基于颜色映射图 map 将索引图像 X 转换为灰度图像
索引图像到 RGB 图像	I=ind2rgb(X, map)	基于颜色映射图 map 将索引图像 X 转换为 RGB 图像
索引图像到二值图像	BW=im2bw(X,map, T)	基于阈值 T 将索引图像 X 转换为二值图像
灰度图像到二值图像	BW=im2bw(I, T)	基于阈值 T 将灰度图像 I 转换为二值图像
灰度图像到索引图像	[X,map]=gray2ind(I, n)	将灰度图像 I 转换为索引图像
RGB 图像到二值图像	BW=im2bw(RGB, T)	基于阈值 T 将 RGB 图像转换为二值图像
RGB 图像到灰度图像	I=rgb2gray(RGB)	将 RGB 图像转换为灰度图像 I
RGB 图像到索引图像	[X,map]=rgb2ind(RGB,n)	将 RGB 图像转换为索引图像 X, 并返回颜色映射图
用"抖动"方法转换图像	X=dither(RGB, map) BW=dither(I)	通过颜色映射图将 RGB 图像转换为近似的索引图像 X; 把灰度图像 I 转换为二值图像

10.2　彩色空间之间的变换

彩色空间之
间的变换

在 RGB 图像中，图像处理工具箱直接把颜色描述成 RGB 值，或者在索引图像中间接用 RGB 格式存储彩色映射。还有其他彩色空间（又称彩色模型），应用时可能比 RGB 格式更方便或更恰当。彩色模型是 RGB 模型的变换，包括 NTSC、YCbCr、HSV 和 HSI 彩色空间。图像处理工具箱提供了从 RGB 彩色空间向 NTSC、YCbCr、HSV、HSI 彩色空间转换的函数。

RGB 彩色空间常用 RGB 彩色立方体显示，如图 10.5（a）所示，该立方体的顶点显示光的原色（红色、绿色、蓝色）和合成色（青色、紫红色、黄色），沿着主对角线的点表示从黑色 (0,0,0) 到白色 (1,1,1) 的灰度值。RGB 彩色立方体如图 10.5（b）所示。

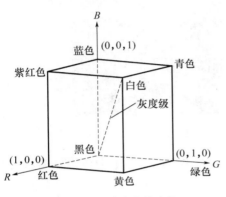
（a）RGB彩色立方体示意

（b）RGB彩色立方体

图 10.5　RGB 彩色立方体及其示意

NTSC 彩色空间用于模拟电视，其主要优势是灰度信息和彩色数据分离，同一个信号可以用于彩色电视机和黑白电视机。图像数据由三部分组成：亮度（Y）、色度（I）和饱和度（Q）。YIQ 分量都是用线性变换从一幅图像的 RGB 分量得到的，它们之间的对应关系可以用式（10.1）表示。

$$\begin{bmatrix} Y \\ I \\ Q \end{bmatrix} = \begin{bmatrix} 0.299 & 0.587 & 0.114 \\ 0.596 & -0.274 & -0.322 \\ 0.211 & -0.523 & 0.312 \end{bmatrix} \begin{bmatrix} R \\ G \\ B \end{bmatrix} \tag{10.1}$$

第一行的各元素之和为 1，第二行和第三行各元素之和为 0。因为灰度图像的所有 RGB 分量都相等，所以 I 分量和 Q 分量为 0。

rgb2ntsc 函数可执行这种变换，语法为

```
yiq_image=rgb2ntsc(rgb_image)
```

其中，输入图像可以是 uint8 类、uint16 类或 double 类；输出图像为 double 类，大小为 $M \times N \times 3$；分量图像 yiq_image(:,:,1) 代表亮度，yiq_image(:,:,2) 代表色度，yiq_image(:,:,3) 代表饱和度。

类似地，RGB 分量可用利用式（10.2）从 YIQ 分量获得。

$$\begin{bmatrix} R \\ G \\ B \end{bmatrix} = \begin{bmatrix} 1.000 & 0.956 & 0.621 \\ 1.000 & -0.272 & -0.647 \\ 1.000 & -1.106 & 1.703 \end{bmatrix} \begin{bmatrix} Y \\ I \\ Q \end{bmatrix} \qquad (10.2)$$

ntsc2rgb 函数用于实现式（10.2）：

```
rgb_image=ntsc2rgb(yiq_image)
```

其中，输入图像和输出图像都是 double 类。

例 10.4 利用 rgb2ntsc 函数将 RGB 分量变换为 YIQ 分量。

```
rgb_image=imread('fruit.jpg');
yiq_image=rgb2ntsc(rgb_image);
figure;imshow(rgb_image);title('RGB 图像 ');
figure;imshow(yiq_image);title('YIQ 图像 ');
```

程序运行结果如图 10.6 所示。

RGB图像　　　　　　　　　　　　　　　　YIQ图像

图 10.6　程序运行结果

YCbCr 彩色空间广泛用于数字视频，亮度信息用分量 Y 表示，彩色信息用两个色差分量 Cb 和 Cr 存储。分量 Cb 是蓝色分量与一个参考值的差，分量 Cr 是红色分量与一个参考值的差。从 RGB 彩色空间转换为 YCbCr 彩色空间的变换矩阵表达式如下。

$$\begin{bmatrix} Y \\ Cb \\ Cr \end{bmatrix} = \begin{bmatrix} 6 \\ 128 \\ 128 \end{bmatrix} + \begin{bmatrix} 65.481 & 128.553 & 24.996 \\ -37.797 & -74.203 & 112.000 \\ 112.000 & -93.786 & -18.214 \end{bmatrix} \begin{bmatrix} R \\ G \\ B \end{bmatrix} \qquad (10.3)$$

从 RGB 彩色空间转换为 YCbCr 彩色空间使用 rgb2ycbcr 函数，语法为

```
ycbcr_image=rgb2ycbcr(rgb_image)
```

其中，输入图像可以是 uint8 类、uint16 类或 double 类；输出图像与输入图像的类型相同。

从 YCbCr 彩色空间转换回 RGB 彩色空间使用 ycbcr2rgb 函数，语法为

```
rgb_image=ycbcr2rgb(ycbcr_image)
```

其中，输入图像可以是 uint8 类、uint16 类或 double 类；输出图像与输入图像的类型相同。

HSV 是人们从颜色轮或调色板中挑选颜色（如颜料或墨水）时使用的彩色系统之一，比 RGB 模型接近人们的经验和对彩色的感知。HSV 模型（图 10.7）对应于圆柱坐标系中的一个圆锥形子集，圆锥的顶面对应 $V=1$。它包含 RGB 模型中的 $R=1,G=1,B=1$ 三个面，代表的颜色较亮。色度 H 由绕 V 轴的旋转角给定。红色对应于 0°，绿色对应于 120°，蓝色对应于 240°。在 HSV 模型中，每种颜色与其补色相差 180°。因为饱和度 S 的取值范围为 0～1，所以圆锥顶面的半径为 1。

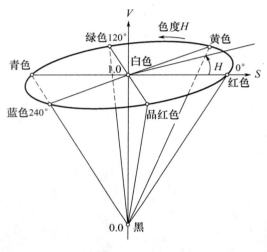

图 10.7　HSV 模型

使用 rgb2hsv 函数从 RGB 彩色空间转换为 HSV 彩色空间，语法为

```
hsv_image=rgb2hsv(rgb_image)
```

其中，输入图像可以是 uint8 类、uint16 类或 double 类；输出图像与输入图像的类型相同。一般在 HSV 彩色空间处理图像，再从 HSV 彩色空间转换回 RGB 彩色空间显示。

使用 hsv2rgb 函数从 HSV 彩色空间转换回 RGB 彩色空间，语法为

```
rgb_image=hsv2rgb(hsv_image)
```

其中，输入图像必须是 double 类；输出图像也是 double 类。

例 10.5　在 HSV 彩色空间调整图像颜色。

首先使用 rgb2hsv 函数将 RGB 彩色空间转换为 HSV 彩色空间；然后提取其中的色度通道、饱和度通道和亮度通道；接着在 HSV 彩色空间调整图像，调整后的色度、饱和度、亮度的范围都为 0～1；最后将运算后的各通道返回 HSV 彩色空间。

```
I=imread('fruit.jpg');
hsv_image=rgb2hsv(I);
hue=hsv_image(:,:,1);                % 提取色度通道
```

```
sat=hsv_image(:,:,2);                 % 提取饱和度通道
int=hsv_image(:,:,3);                 % 提取亮度通道
hue=hue+1/360 * 10;                   % 对各通道进行处理
sat=sat+0.01 * 10;
int=int+0.01 * 10;
hue(hue>1)=1;hue(hue<0)=0;
sat(sat>1)=1;sat(sat<0)=0;
int(int>1)=1;int(int<0)=0;
hsv_image(:,:,1)=hue;                 % 运算后的各通道返回 HSV 彩色空间
hsv_image(:,:,2)=sat;
hsv_image(:,:,3)=int;
rgb=hsv2rgb(hsv_image)
imshow(rgb);title('HSV 彩色空间处理后的图像');
```

程序运行结果如图 10.8 所示。

HSV彩色空间处理后的图像

图 10.8　HSV 颜色空间处理后的图像

　　MATLAB 无法直接显示 HSV 和 HSI 图像，需要先转换为 RGB 图像，再用 imshow 函数显示。如果直接使用 imshow 函数显示 HSV 图像，则得到的结果毫无意义。

　　HSV 模型是面向用户的。在图像处理过程中，通常直接处理 RGB 图像，主要因为 RGB 与人类的视觉感知相差太大，而 HSV 是常用的彩色空间。在某些由光照不同造成的视觉感知不同的场景下，用 Value 通道进行计算。计算梯度可以较好地提取物体边缘。在某些场景下，前景饱和度较高，背景采用饱和度较低来衬托前景，此时 Saturation 通道的信息非常有用。某些室内场景的风格较单一，一般一个物体只有一种颜色，此时 Hue 通道就显得尤为重要了。总之，HSV 彩色空间在图像处理领域的应用非常广泛，一般只要采用合适的通道就能完成大多数图像预处理工作。

　　HSI 模型将强度分量从一幅彩色图像中承载的彩色信息分开。若给出一幅 RGB 图像，从 RGB 彩色空间转换为 HSI 彩色空间，每个 RGB 像素的 H（色度）分量可由下式得到：

$$H = \begin{cases} \theta & , B \le G \\ 360 - \theta & , B > G \end{cases} \tag{10.4}$$

S（饱和度）分量由下式给出：

$$S = 1 - \frac{3}{(R+G+B)}\big[\min(R,G,B)\big] \tag{10.5}$$

I（亮度）分量由下式给出：

$$I = \frac{1}{3}(R+G+B) \tag{10.6}$$

$$\theta = \arccos\left\{ \frac{0.5\times[(R-G)+(R-B)]}{(R-G)^2+(R-B)(G-B)} \right\} \tag{10.7}$$

假设 RGB 值已归一化到 $[0,1]$，角度 θ 是点与 HSI 彩色空间的红色轴之间的夹角。用式（10.4）得出的所有结果除以 360°，可将色调归一化为 $[0,1]$。如果给出的 RGB 值的取值范围为 $[0,1]$，则其他两个 HSI 分量为 $[0,1]$。

$$I = \frac{1}{3}(R+G+B), \theta = \arccos\left\{ \frac{0.5\times[(R-G)+(R-B)]}{(R-G)^2+(R-B)(G-B)} \right\}$$

使用 rgb2hsi 函数从 RGB 彩色空间转换为 HSI 彩色空间，语法为

```
hsi_image=rgb2hsi(rgb_image)
```

使用 hsi2rgb 函数从 HSI 彩色空间转换为 RGB 彩色空间，语法为

```
rgb_image=hsi2rgb(hsi_image)
```

与 HSV 彩色空间转换里的距离相同，仅做一次转换，看不出 HSI 图像的优势，往往先在 HSI 彩色空间中调整色度、饱和度和亮度，再转换回 RGB 彩色空间显示。

在实际应用中，HSI 模型比 RGB 模型适合增强彩色图像，它完全反映了人感知颜色的基本属性，与人感知颜色的结果对应，因此，HSI 模型广泛应用于人的视觉系统感知中的图像表示和处理系统；并且在处理彩色图像时，仅处理 I 分量，不改变原始图像中的彩色种类，因此是开发基于彩色描述的图像处理算法的常用工具。

10.3　彩色图像的空间滤波

彩色图像的空间滤波包括两部分内容，一是彩色图像的平滑处理，二是彩色图像的锐化处理。彩色图像的空间滤波要同时达到三个目的：①削弱噪声；②保护色度；③保护边缘或细节信息。

10.3.1 彩色图像的平滑处理

令 S_{xy} 表示在 RGB 图像中以 (x,y) 为中心的邻域的一组坐标。在该邻域中，RGB 向量的平均值是邻域中每个像素点的值的和除以邻域中像素点数的结果，表达式如下：

$$\overline{c}(x,y) = \frac{1}{K} \sum_{(s,t) \subseteq S_{xy}} c(s,t) \tag{10.8}$$

式中，K 是邻域中的像素数。RGB 图像以 (x,y) 为中心的邻域平均值有三个分量，表达式如下：

$$\overline{c}(x,y) = \begin{bmatrix} \dfrac{1}{K} \sum_{(s,t) \subseteq S_{xy}} f_R(s,t) \\ \dfrac{1}{K} \sum_{(s,t) \subseteq S_{xy}} f_G(s,t) \\ \dfrac{1}{K} \sum_{(s,t) \subseteq S_{xy}} f_B(s,t) \end{bmatrix} \tag{10.9}$$

三个分量分别为红色分量图像、绿色分量图像、蓝色分量图像的平均值，如图 10.9 所示。也就是说，使用均值滤波器对 RGB 图像进行邻域均值滤波，相当于在每个分量图像的基础上执行均值滤波。

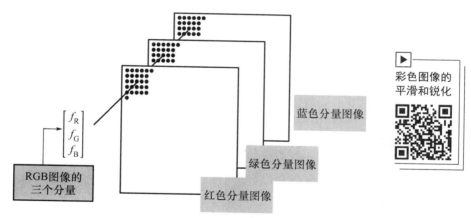

图 10.9　由三个分量图像的相应像素组成 RGB 图像像素示意

平滑 RGB 图像 rgb_image 时，线性空间滤波有以下三个步骤。

（1）抽取三个分量图像。

```
>>fR=I(:,:,1);fG=I(:,:,2);fB=I(:,:,3);
```

（2）分别对每个分量图像进行线性滤波。前面已经介绍过卷积和线性滤波的原理及方法，这里不再赘述。可以使用 imfilter 函数对每个分量图像进行线性滤波。

例 10.6 使用 fspecial 函数产生 5×5 的均值平滑滤波器，过滤每个分量图像。

```
>>w=fspecial('average',5);
```

```
% 使用 fspecial 函数产生 5×5 的均值平滑滤波器，平滑分量图像
>>fR_filtered=imfilter(fR,w,'replicate');
%fR 表示待滤波对象，w 表示模板，replicate 表示边界扩充
>>fG_filtered=imfilter(fG,w,'replicate');
>>fB_filtered=imfilter(fB,w,'replicate');
```

（3）重建滤波过的 RGB 图像，语法为

```
>>G=cat(3,fR_filtered,fG_filtered,fB_filtered);
```

因为可以在 MATLAB 环境中使用与单色图像相同的语法对 RGB 图像进行线性滤波，所以三步可以合并为一步，语法为

```
>>G=imfilter(RGB_image,w,'replicate');
```

例 10.7　在 MATLAB 环境中进行图像平滑。

```
rgb_image=imread('fruit.jpg');           % 加载彩色图像
fR=rgb_image(:,:,1);                      % 提取 R 通道分量图像
fG=rgb_image(:,:,2);                      % 提取 G 通道分量图像
fB=rgb_image(:,:,3);                      % 提取 B 通道分量图像
subplot(2,2,1),imshow(rgb_image);title(' 原始图像 ');
subplot(2,2,2),imshow(fR);title(' 红色分量图像 ');
subplot(2,2,3),imshow(fG);title(' 绿色分量图像 ');
subplot(2,2,4),imshow(fB);title(' 蓝色分量图像 ');
```

程序运行结果如图 10.10 所示。

原始图像

红色分量图像

绿色分量图像

蓝色分量图像

图 10.10　程序运行结果

接下来使用 50×50 的均值平滑滤波器对 RGB 的每个分量进行滤波。平均滤波器已足够大，足以产生有意义的模糊度。然后合成滤波后的三个分量。

```
w=fspecial('average',50);
gR=imfilter(fR,w,'replicate');
gG=imfilter(fG,w,'replicate');
gB=imfilter(fB,w,'replicate');
G=cat(3,gR,gG,gB);
figure;imshow(G);title(' 平滑后的 RGB 图像 ');
```

程序运行结果如图 10.11 所示。

平滑后的RGB图像

图 10.11 程序运行结果

也可以直接对 RGB 图像进行线性滤波。

```
w=fspecial('average',9);
G=imfilter(rgb_image,w,'replicate');
subplot(1,2,1);imshow(rgb_image);title('RGB 图像 ');
subplot(1,2,2);imshow(G);title(' 平滑后的 RGB 图像 ');
```

程序运行结果如图 10.12 所示。

RGB图像   平滑后的RGB图像

图 10.12 程序运行结果

这里平均滤波器可以选得足够大，产生比较明显的模糊度。选择尺寸较大的滤波器是为了演示在 RGB 彩色空间进行平滑处理的效果。

例 10.8 在 MATLAB 环境中，在 HSI 彩色空间平滑图像，并比较结果。

首先将 RGB 图像转换到 HSI 彩色空间，提取色度、饱和度和亮度；然后对亮度进行线性滤波，将得到的结果合成 HSI 图像；最后通过 hsi2rgb 函数转换到 RGB 彩色空间显示。

```
hsi_image=rgb2hsi(rgb_image);
H=hsi_image(:,:,1);
S=hsi_image(:,:,2);
I=hsi_image(:,:,3);
w=fspecial('average',50);
I_filtered=imfilter(I,w,'replicate');
hsi_cat=cat(3,H,S,I_filtered);
G=hsi2rgb(hsi_cat);
subplot(1,2,1);imshow(rgb_image);title('RGB 图像 ');
subplot(1,2,2);imshow(G);title(' 仅对 HSI 亮度分量进行平滑的结果 ');
```

程序运行结果如图 10.13 所示。

RGB图像　　　　　　　　　　　　　　仅对HSI亮度分量进行平滑的结果

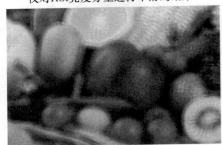

图 10.13　程序运行结果

观察滤波前后的图像，不难看出水果（如猕猴桃、苹果）周围出现模糊的绿色边缘，绿色豆角的边缘出现了红色模糊边缘。产生这种变化的原因是通过平滑处理，亮度分量的变化减小了，但色度分量和饱和度分量没有变化。若使用相同的滤波器平滑三个分量，则改变色度与饱和度之间的相对关系，产生无意义的结果。

在图像增强过程中，平滑是为了消除图像中噪声的干扰或者降低对比度；相反，有时为了强调图像的边缘和细节，需要对图像进行锐化，提高对比度。

10.3.2 彩色图像的锐化处理

图像锐化与图像中某个像素的周围像素到该像素的突变程度有关，即图像锐化的依据是图像像素的变化程度。当邻域中心像素灰度低于邻域内其他像素的平均灰度时，该中心像素的灰度应进一步降低；当邻域中心像素灰度高于邻域内其他像素的平均灰度时，该中心像素的灰度应进一步提高，以实现图像的锐化处理。

下面回顾一阶微分和二阶微分的计算公式。F 对 x 的微分为

$$\frac{\partial f}{\partial x} = f(x+1, y) - f(x, y) \tag{10.10}$$

F 对 y 的微分为

$$\frac{\partial f}{\partial y} = f(x, y+1) - f(x, y) \tag{10.11}$$

一阶微分为

$$\nabla f = \frac{\partial f}{\partial x} + \frac{\partial f}{\partial y} = f(x+1, y) + f(x, y+1) - 2f(x, y) \tag{10.12}$$

x 方向的二阶微分为

$$\nabla^2 f = \left[f(x+1, y) + f(x-1, y) + f(x, y+1) + f(x, y-1) - 4f(x, y) \right] \tag{10.13}$$

一阶微分描述数图像的变化方向，即增大或者减小；二阶微分描述图像变化的速度，即急剧增大 / 减小还是平缓增大 / 减小。一阶微分可以检测边缘是否存在；二阶微分可以确定边缘的位置，常用拉普拉斯算子。拉普拉斯算子的模板如图 10.14 所示。

0	1	0
1	-4	1
0	1	0

1	1	1
1	-8	1
1	1	1

0	-1	0
-1	4	-1
0	-1	0

-1	-1	-1
-1	8	-1
-1	-1	-1

图 10.14　拉普拉斯算子的模板

从向量分析中知道，向量的拉普拉斯被定义为矢量，它们的分量等于输入向量的分量的拉普拉斯。在 RGB 模型中引入矢量的拉普拉斯，表达式如下：

$$\nabla^2 \left[c(x, y) \right] = \begin{bmatrix} \nabla^2 R(x, y) \\ \nabla^2 G(x, y) \\ \nabla^2 B(x, y) \end{bmatrix} \tag{10.14}$$

说明可以通过计算每个分量图像的拉普拉斯来计算整幅图像的拉普拉斯。

例 10.9　用拉普拉斯增强图像。

定义一个拉普拉斯算子，利用 imfilter 函数对彩色图像进行线性滤波，得到拉普拉斯边缘图像。将拉普拉斯边缘叠加到该彩色图像，得到锐化的彩色图像。因此第四行代码 f2 获取的就是边缘叠加彩色图像的结果。

```
rgb_image=imread('flower.tif');
w=[-1 -1 -1;-1 8 -1;-1 -1 -1];                    % 拉普拉斯算子
```

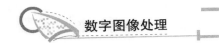

```
f1=imfilter(double(rgb_image),w,'replicate');
f2=imfilter(double(rgb_image),w,'replicate')+double(rgb_
image);
    subplot(131),imshow(rgb_image);title('彩色图像');
    subplot(132),imshow(uint8(f1));title('拉普拉斯边缘图像');
    subplot(133),imshow(uint8(f2));title('拉普拉斯增强图像');
```

也可以直接使用模板进行线性滤波，相当于已经叠加了原始图像。

```
w=[-1 -1 -1;-1 9 -1;-1 -1 -1];          % 拉普拉斯增强算子
f2=imfilter(double(rgb_image),w,'replicate')
```

程序运行结果如图 10.15 所示。从图中可以看出，锐化效果比较明显。

彩色图像   拉普拉斯边缘图像   拉普拉斯增强图像

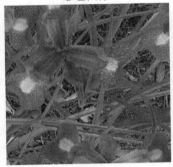 

图 10.15　程序运行结果

10.4　彩色图像分割

彩色图像分割

　　图像分割是将图像按照某种特征（灰度、纹理、颜色、形状等）表示为物理上有意义的连通区域的集合。图像分割技术大致可分为以下三类。

　　（1）基于区域的分割技术（直方图阈值法，颜色聚类方法，区域生长、区域合并和区域分裂及其组合）。

　　（2）基于边缘的分割技术（基于边缘检测的方法、分水岭分割方法）。

　　（3）基于特定理论工具的分割技术（基于小波变换的彩色图像分割技术、基于水平集的彩色图像分割技术、基于马尔可夫随机场的方法、基于神经网络的方法、基于模糊集合理论的方法、基于物理模型的方法）。

　　采用基于区域的分割技术，区域分割的结果很大程度上取决于种子点（seed points），常出现图像欠分割或过分割的问题。

　　使用 RGB 彩色向量进行彩色区域分割很简单。这里介绍的彩色区域分割是指在 RGB 图像中分割某个特定彩色区域的物体的过程。给定一组感兴趣的有代表性的彩色（或彩色范围）样点，获得"平均"或期望的颜色估计，即希望分割的颜色。用 RGB 向量 m 定义该平均色，m 的元素有 m_R、m_G、m_B。彩色区域分割的目的是对图像中的每个 RGB 像素进行分类，从而判断该 RGB 像素是否在指定的范围内。

为了进行以上比较，拥有相似性度量是必要的。最简单的度量之一是欧几里德距离（简称欧氏距离）。令 z 表示 RGB 空间的任意点，如果 z 与 m 之间的距离小于指定的阈值 T，则 z 相似于 m。z 与 m 之间的欧氏距离表达式如下：

$$
\begin{aligned}
D(z,m) &= \|z-m\| \\
&= \left[(z-m)^T(z-m)\right]^{\frac{1}{2}} \\
&= \left[(z_R-m_R)^2+(z_G-m_G)^2+(z_B-m_B)^2\right]^{\frac{1}{2}}
\end{aligned}
\tag{10.15}
$$

式中，下角标 R、G、B 表示向量 m 和 z 的 RGB 分量。$D(z,m)\leqslant T$ 的轨迹是半径为 T 的球体。

　　另一种度量为马氏距离，表达式如下：

$$
D(z,m) = \left[(z-m)^T C^{-1}(z-m)\right]^{\frac{1}{2}}
\tag{10.16}
$$

式中，C 是要分割的有代表性彩色样值的协方差矩阵。$D(z,m)\leqslant T$ 的轨迹描述了实心三维椭球体。当 C 为单位矩阵时，马氏距离等于欧氏距离。

　　在 MATLAB 环境中，两个 n 维向量 x 与 y 之间的欧氏距离可以用 norm 函数计算，语法为

```
d=norm(x,y);
```

　　如果 X 为 $p\times n$ 的矩阵，Y 为 $1\times n$ 的向量，Y 与 X 的每个元素间的距离包含在 $p\times 1$ 维的向量中，语法为

```
d=sqrt(sum(abs(X-repmat(y,p,1)).^2,2));
```

　　如果 X 为 $p\times n$ 的向量组，Y 为 $q\times n$ 的向量组，则包含这两个向量组的行间距离的矩阵可以用如下表达式求解：

```
d=sqrt(sum(abs(X-repmat(permute(X,[1 3 2]),[1 q 1])-
repmat(permute(Y,[1 3 2]),[p 1 1])).^2,3));
```

　　马氏距离的计算代码稍微复杂一些，如下。

```
function d=mahalanobis(varargin)
param=varargin;
Y=param{1};
ny=size(Y,1);
if length(param)==2
X=param{2};
[Cx,mx]=covmatrix(X);
elseif length(param)==3
Cx=param{2};
```

```
mx=param{3};
else
error('Wrong number of inputs.')
end
mx=mx(:)';
d=real(sum(Yc/Cx.*conj(Yc),2));
```

其中 X 表示一组 p 个 n 维向量，Y 表示一组 q 个 n 维向量，函数定义后，可以计算 Y 与 m_x 之间的马氏距离。

在 RGB 向量空间，利用距离度量进行区域分割可以使用 colorseg 函数实现，语法为

```
S=colorseg(method,f,T,parameters);
```

其中，method 可以选择 euclidean（欧氏距离）和 mahalanobis（马氏距离）；f 是待分割的 RGB 图像；T 是前边描述的阈值。如果选择 euclidean，则输入参量是 m，如果选择 mahalanobis，则输入参量是 m 和 c。参数 m 是均值，c 是协方差矩阵。输出 S 是一幅与原始图像尺寸相同的二值图像，1 值部分表示基于彩色内容从图像 f 分割出的区域。

例 10.10 实现 RGB 向量空间中的彩色区域分割。

要获得类似于图 10.16 中西红柿区域的分割结果，首先获得待分割彩色区域的样本。一种简单的获得感兴趣（Region Of Interest，ROI）区域的方法是使用 roipoly 函数，产生能交互选择的区域的二值模板。

图 10.16　彩色水果图像

令 f 表示彩色图像，可用下面代码得到感兴趣区域。

```
mask=roipoly(f);                      %roipoly 为选择感兴趣的多边形
red=immultiply(mask,f(:,:,1));        %immultipy 函数为两幅图像对应
                                        的元素相乘
green=immultiply(mask,f(:,:,2));
```

```
blue=immultiply(mask,f(:,:,3));
g=cat(3,red,green,blue);
figure,imshow(g);title('用 roipoly 函数交互地提取感兴趣的区域');
```

程序运行结果如图 10.17 所示。

图 10.17 程序运行结果

然后计算感兴趣区域内的点的平均矢量和协方差矩阵，需要提取感兴趣区域内的点的坐标。

```
[M,N,K]=size(g);                    % 这里 K=3
I=reshape(g,M*N,3);                 %I 为 M×N 行、3 列的数组
idx=find(mask);
I=double(I(idx,1:3));
[C,m]=covmatrix(I);                 % 计算出协方差矩阵 C 和均值 m
```

最后确定 T 值。可以让 T 值变为彩色分量标准差的倍数。因为矩阵 C 的主对角线包括 RGB 分量的方差，所以必须提取这些元素并计算它们的平方根。

```
d=diag(c);      % 方差
sd=sqrt(d);     % 标准差
```

sd 运行结果如下。

```
sd=
  48.2910
  35.7638
  29.5179
```

sd 的第一个元素是感兴趣区域中彩色像素的红色分量的标准差。下面进行图像分割，以 50 倍 T 值作为阈值，比如可以取 $T=50$，$T=100$，$T=150$，$T=200$。计算好 m 值和 C 值，选择 T 值，利用 colorseg 函数进行图像分割。取 $T=50$、$T=100$、$T=150$ 和 $T=200$ 的代码如下。

```
E50=colorseg('euclidean',f,50,m);      %使用欧氏距离进行图像分割
E100=colorseg('euclidean',f,100,m);
E150=colorseg('euclidean',f,150,m);
E200=colorseg('euclidean',f,200,m);
```

程序运行结果如图10.18所示。

（a）使用欧氏距离，$T=50$的分割效果

（b）使用欧氏距离，$T=100$的分割效果

（c）使用欧氏距离，$T=150$的分割效果

（d）使用欧氏距离，$T=200$的分割效果

图10.18　程序运行结果

图10.18（a）至图10.18（d）分别显示了$T=50$、$T=100$、$T=150$和$T=200$的分割效果。$T=50$和$T=100$时得到了有意义的结果，$T=150$和$T=200$时产生了过度分割。使用马氏距离进行图像分割时，只需改变method属性的值即可。事实上，设置马氏距离选项时，采用相同的T值，结果更准确。

本章小结

本章主要介绍了图像类型之间的转换、彩色空间之间的变换、基本的彩色图像处理、彩色图像的平滑和锐化、彩色图像边缘检测、彩色图像分割。RGB图像、索引图像、灰度图像之间可以相互转换。NTSC、YCbCr、HSV和HSI彩色空间模型是RGB模型的变换。图像处理工具箱提供了从RGB彩色空间与NTSC、YCbCr、HSV、HSI彩色空间相互转换的函数。在图像增强过程中，平滑是为了消除图像中噪声的干扰或者降低对比度；有时为了强调图像的边缘和细节，需要对图像进行锐化来提高对比度。图像锐化与图像某个像素的周围像素到该像素的突变程度有关，即图像锐化的依据是图像像素的变化程度。图像分割是将图像按照某种特征（灰度、纹理、颜色、形状等）表示为物理上有意义的连通区域的集合。

本章习题

1. 彩色图像、灰度图像和二值图像之间如何转换？

2. 已知一幅 RGB 图像（文件名为 link.jpg），编程实现 RGB 彩色空间到 HSI 彩色空间的转换，并以饱和度分量为模板图像，在饱和度图像中，设门限值等于最大饱和度值的 30%，任何比门限值大的像素值赋 1（白色），其他像素值赋 0（黑色），完成对该彩色图像的分割。

3. 设一幅彩色图像为

$$R = \begin{bmatrix} 95 & 60 & 95 & 57 \\ 61 & 90 & 59 & 57 \\ 62 & 59 & 0 & 85 \\ 95 & 61 & 60 & 92 \end{bmatrix}, \quad G = \begin{bmatrix} 120 & 36 & 128 & 41 \\ 34 & 120 & 28 & 32 \\ 36 & 34 & 100 & 32 \\ 125 & 61 & 60 & 122 \end{bmatrix}, \quad B = \begin{bmatrix} 20 & 160 & 20 & 157 \\ 160 & 20 & 159 & 157 \\ 162 & 159 & 20 & 185 \\ 20 & 161 & 160 & 20 \end{bmatrix}$$

如果对其进行如下运算：

（1）$R(i,j) + \Delta R(i,j)$，$R(i,j)=100$；

（2）$k \cdot R(i,j)$，$k=2$。

G 和 B 不变，通过计算出的饱和度和色度的变化情况，分析这两种运算对图像效果改变的区别。

4. 对于彩色图像，通常用来区别颜色特性的是（　　）。

A. 色度　　　　　　　　B. 饱和度　　　　　　　　C. 亮度

5. 什么彩色空间最接近人的视觉系统的特点？

6. 如何对彩色图像进行平滑处理？

7. 说明图像分割的主要方法。

8. 阈值分割技术适用于什么场景下的图像分割？

知识扩展

彩色图像的彩色平衡处理

彩色图像处理中，一定包含对色彩的特殊处理。我们知道，当一幅彩色图像经数字化显示时，颜色有时会看起来不正常。这是因为颜色通道中不同的敏感度、增光因子、偏移量（黑级）等，导致数字化中的三个图像分量出现不同的变换，使结果图像的三原色"不平衡"，从而使景物中所有物体的颜色都偏离了原有的真实色彩。彩色平衡处理的目的就是对有色偏的图像进行颜色校正，获得正常颜色的图像。白平衡方法和最大颜色值平衡方法是两种基本的彩色平衡处理方法。

自平衡方法的原理如下：如果原始场景中的某些像素点应该是白色的（即 $R_k^* = G_k^* = B_k^* = 255$），但是由于所获得图像中的相应像素点存在色偏，因此这些点的 R、G、B 三个分量的值不再相等，调整三个颜色分量的值达到平衡，获得对整幅图像的彩色平衡映射关系，通过该映射关系对整幅图像进行处理，即可达到彩色平衡的目的。

　　白平衡方法对画面中存在白色像素点的图像有很好的彩色平衡效果。但是，如果图像中不存在白色的点，或者白色的点只占画面总像素的很小比率，则白平衡方法不是很有效。

　　最大颜色值平衡方法就是针对以上情况提出的彩色平衡方法。最大颜色值平衡方法的原理如下：如果存在色偏，则 R、G、B 三个颜色通道中存在某个比较强的颜色通道，抑制该颜色通道或者增强其他颜色信息较弱的颜色通道可以达到彩色平衡的目的。

　　读者可以自行查询两种方法的具体步骤。

参考文献

陈刚，魏晗，高毫林，等，2016.MATLAB 在数字图像处理中的应用 [M].北京：清华大学出版社.

陈天华，2014.数字图像处理 [M].2 版.北京：清华大学出版社.

丁伟雄，2016.MATLAB R2015a 数字图像处理 [M].北京：清华大学出版社.

韩晓军，2017.数字图像处理技术与应用 [M].2 版.北京：电子工业出版社.

李新胜，2018.数字图像处理与分析 [M].2 版.北京：清华大学出版社.

杨杰，2010.数字图像处理及 MATLAB 实现 [M].北京：电子工业出版社.

朱虹，2013.数字图像处理基础与应用 [M].北京：清华大学出版社.

附录
MATLAB 图像处理
工具箱常用函数

附表 1　通用函数

序号	函数	功能	语法
1	colorbar	显示颜色条	colorbar colorbar(placement) colorbar(Name,Value) colorbar(placement,Name,Value) colorbar(ax,⋯) colorbar('peer',ax⋯) h = colorbar(⋯) colorbar('off') colorbar(h,'off') colorbar(ax,'off')
2	getimage	从坐标轴获取图形数据	A = getimage(h) [x, y, A] = getimage(h) [..., A, flag] = getimage(h) [...] = getimage
3	image	创建并显示图像对象	image(C) image(x,y,C) image('CData',C) image('XData',x,'YData',y,'CData',C) image(⋯,Name,Value) image(ax,⋯) im = image(⋯)

续表

序号	函数	功能	语法
4	imagesc	按图像显示数据矩阵	imagesc(C) imagesc(x,y,C) imagesc(⋯,clims) imagesc('CData',C) imagesc('XData',x,'YData',y,'CData',C) imagesc(⋯,Name,Value) imagesc(ax,⋯) im = imagesc(⋯)
5	imshow	显示图像	imshow(I) imshow(X,map) imshow(filename) imshow(I,[low high]) imshow(⋯,Name,Value) himage = imshow(⋯)
6	montage	在矩形框中同时显示多帧图像	montage(filename) montage(I) montage(X, map) montage(..., param1, value1, param2, value2, ⋯) h = montage(⋯)
7	subimage	在一个图形中显示多个图像，结合 subplot 函数使用	subimage(X, map) subimage(I) subimage(BW) subimage(RGB) subimage(x, y⋯) h = subimage(⋯)
8	truesize	调整图像显示尺寸	truesize(fig,[mrows ncols]) truesize(fig)
9	warp	将图像显示到纹理映射表面	warp(X,map) warp(I,n) warp(BW) warp(RGB) warp(z,⋯) warp(x,y,z, ⋯) h = warp(⋯)
10	zoom	缩放图像或图形	zoom on zoom off zoom out zoom reset zoom zoom xon zoom yon zoom(factor) zoom(fig, option) h = zoom(figure_handle)

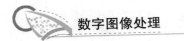

附表 2　图像文件 I/O 函数

序号	函数	功能	语法
1	imfinfo	返回图形文件信息	info = imfinfo(filename) info = imfinfo(filename,fmt) info = imfinfo(URL)
2	imread	从图形文件中读取图像	A=imread(filename,fmt) [X,map]=imread(filename,fmt) […]=imread(filename) […]=imread(URL, …) […]=imread(…, idx) (CUR,ICO,and TIFF only) […]=imread(… ,'frames',idx) (GIF only) […]=imread(… ,ref) (HDF only) […]=imread(… ,'backGroundColor',BG) (PNG only) [A,map,alpha]=imread(…) (ICO,CUR and PNG only)
3	imwrite	将图像写入图形文件	imwrite(A,filename) imwrite(A,map,filename) imwrite(…,fmt) imwrite …,Name,Value)

附表 3　空间变换函数

序号	函数	功能	语法
1	findbounds	为空间变换寻找输出边界	outbounds = findbounds(TFORM,inbounds)
2	fliptform	切换空间变换结构的输入角色和输出角色	TFLIP = fliptform(T)
3	imcrop	剪切图形	I2 = imcrop I2 = imcrop(I) X2 = imcrop(X,map) … = imcrop(h) I2 = imcrop(I,rect) X2 = imcrop(X,map,rect) …= imcrop(XData,YData,…) […,rect2] = imcrop(…) [XData2,YData2,…] = imcrop(…)
4	imresize	图像缩放	B = imresize(A,scale) B = imresize(A,outputSize) [Y,newmap] = imresize(X,map, …) … = imresize(…,method) … = imresize(…,Name,Value,...) gpuarrayB = imresize(gpuarrayA,scale)
5	imrotate	图像旋转	B = imrotate(A,angle) B = imrotate(A,angle,method) B = imrotate(A,angle,method,bbox) gpuarrayB = imrotate(gpuarrayA,method)

附表 4 像素和统计函数用函数

序号	函数	功能	语法
1	corr2	计算两个矩阵的二维相关系数	r = corr2(A,B) r = corr2(gpuarrayA,gpuarrayB)
2	imcontour	创建图像的轮廓图	imcontour(I) imcontour(I,n) imcontour(I,v) imcontour(x,y,...) imcontour(...,LineSpec) [C,handle] = imcontour(...)
3	imhist	显示图像直方图	imhist(I)example imhist(I,n) imhist(X,map) [counts,binLocations] = imhist(I) [counts,binLocations] = imhist(gpuarrayI,...)
4	impixel	确定像素颜色值	impixel(I) P = impixel(I,c,r) P = impixel(X,map) P = impixel(X,map,c,r) [c,r,P] = impixel(...) P = impixel(x,y,I,xi,yi) [xi,yi,P] = impixel(x,y,I,xi,yi)
5	mean2	求矩阵元素平均值	B = mean2(A) gpuarrayB = mean2(gpuarrayA)
6	pixval	显示图像像素信息	pixval on pixval off pixval pixval(fig,option) pixval(ax,option) pixval(H,option)
7	improfile	沿线段计算剖面图的像素值	improfile improfile(n) improfile(I,xi,yi) improfile(I,xi,yi,n) c = improfile(...) [cx,cy,c] = improfile(I,xi,yi,n) [cx,cy,c,xi,yi] = improfile(I,xi,yi,n) [...] = improfile(x,y,I,xi,yi) [...] = improfile(x,y,I,xi,yi,n) [...] = improfile(...,method)
8	std2	计算矩阵元素的标准偏移	B=std2(A)

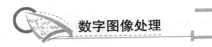

附表5　图像分析函数

序号	函数	功能	语法
1	edge	识别强度图像中的边界	BW=edge(I, 'sobel') BW=edge(I, 'sobel',thresh) BW=edge(I , 'sobel',thresh,direction) [BW,thresh]=edge(I, 'sobel',…) BW=edge(I, 'prewitt ') BW=edge(I, 'prewitt ',thresh) BW=edge(I, 'prewitt ',thresh,direction) [BW,thresh]=edge(I, 'prewitt ',…) BW=edge(I, 'roberts') BW=edge(I, 'roberts',thresh) [BW,thresh]=edge(I, 'roberts',…) BW=edge(I, 'log') BW=edge(I, 'log',thresh) BW=edge(I, 'log',thresh,sigma) [BW,thresh]=edge(I, 'log',…) BW=edge(I, 'zerocross',thresh,h) [BW,thresh]=edge(I, 'zerocross',…) BW=edge(I, 'canny') BW=edge(I, 'canny',thresh) BW=edge(I, 'canny',thresh,sigma) [BW,threshold]=edge(I, 'canny',…)
2	qtgetblk	获取四叉树中的块值	[vals, r, c] = qtgetblk(I, S, dim) [vals, idx] = qtgetblk(I, S, dim)
3	qtsetblk	设置四叉树中的块值	J = qtsetblk(I, S, dim, vals)

附表6　图像增强函数

序号	函数	功能	语法
1	adapthisteq	执行对比度受限的直方图均衡	J = adapthisteq(I) J = adapthisteq(I,param1,val1,param2,val2…)
2	histeq	用直方图均等化增强对比度	J = histeq(I,hgram) J = histeq(I,n) [J, T] = histeq(I) [gpuarrayJ, gpuarrayT] = histeq(gpuarrayI, …) newmap = histeq(X, map, hgram) newmap = histeq(X, map) [newmap, T] = histeq(X, …)
3	imadjust	调整图像灰度值或颜色映射表	J = imadjust(I) J = imadjust(I,[low_in; high_in],[low_out; high_out]) J = imadjust(I,[low_in; high_in],[low_out; high_out],gamma) newmap = imadjust(map,[low_in; high_in],[low_out; high_out],gamma) RGB2 = imadjust(RGB1, …) gpuarrayB = imadjust(gpuarrayA, …)

序号	函数	功能	语法
4	imnoise	向图像中加入噪声	J = imnoise(I,type) J = imnoise(I,type,parameters) J = imnoise(I,'gaussian',M,V) J = imnoise(I,'localvar',V) J = imnoise(I,'localvar',image_intensity,var) J = imnoise(I,'poisson') J = imnoise(I,'salt & pepper',d) J = imnoise(I,'speckle',v) gpuarrayJ = imnoise(gpuarrayI, ···)
5	medfilt2	进行二维中值滤波	B = medfilt2(A)example B = medfilt2(A, [m n]) B = medfilt2(···,padopt) gpuarrayB = medfilt2(gpuarrayA,···)
6	ordfilt2	进行二维统计顺序滤波	B = ordfilt2(A,order,domain)example B = ordfilt2(A,order,domain,S) B = ordfilt2(···,padopt)
7	wiener2	进行二维适应性去噪滤波	J = wiener2(I,[m n],noise) [J,noise] = wiener2(I,[m n])

附表 7　线性滤波函数

序号	函数	功能	语法
1	conv2	二维卷积	C = conv2(A,B) C = conv2(h1,h2,A) C = conv2(···,shape)
2	convmtx2	二维矩阵卷积	T = convmtx2(H,m,n) T = convmtx2(H,[m n])
3	convn	n 维卷积	C = convn(A,B) C = convn(A,B,'shape')
4	filter2	二维线性滤波	Y = filter2(h,X) Y = filter2(h,X,shape)
5	fspecial	创建预定义滤波器	h = fspecial(type) h = fspecial(type, parameters)

附表 8　线性二维滤波器设计函数

序号	函数	功能	语法
1	freqspace	确定二维频率响应频率空间	[f1,f2] = freqspace(n) [f1,f2] = freqspace([m n]) [x1,y1] = freqspace(···,'meshgrid') f = freqspace(N) f = freqspace(N,'whole')

序号	函数	功能	语法
2	freqz2	计算二维频率响应	[H, f1, f2] = freqz2(h, n1, n2) [H, f1, f2] = freqz2(h, [n2 n1]) [H, f1, f2] = freqz2(h) [H, f1, f2] = freqz2(h, f1, f2) [···] = freqz2(h,···,[dx dy]) [···] = freqz2(h,···,dx) freqz2(···)
3	fsamp2	用频率采样法设计二维 FIR 过滤器	h = fsamp2(Hd) h = fsamp2(f1, f2, Hd,[m n])
4	ftrans2	通过频率转换设计二维 FIR 过滤器	h = ftrans2(b, t) h = ftrans2(b)
5	fwind1	用一维窗口法设计二维 FIR 过滤器	h = fwind1(Hd, win) h = fwind1(Hd, win1, win2) h = fwind1(f1, f2, Hd,···)
6	fwind2	用二维窗口法设计二维 FIR 过滤器	h = fwind2(Hd, win) h = fwind2(f1, f2, Hd, win)

附表 9　图像变换函数

序号	函数	功能	语法
1	dct2	进行二维离散余弦变换	B = dct2(A) B = dct2(A,m,n) B = dct2(A,[m n])
2	dctmtx	计算离散余弦变换矩阵	D = dctmtx(n)
3	fft2	计算二维快速傅里叶变换	Y = fft2(X) Y = fft2(X,m,n)
4	fftn	计算 n 维快速傅里叶变换	Y = fftn(X) Y = fftn(X,siz)
5	fftshift	转换快速傅里叶变换的输出象限	Y = fftshift(X) Y = fftshift(X,dim)
6	idct2	计算二维逆离散余弦变换	B = idct2(A) B = idct2(A,m,n) B = idct2(A,[m n])
7	ifft2	计算二维逆快速傅里叶变换	Y = ifft2(X) Y = ifft2(X,m,n) y = ifft2(···, 'symmetric') y = ifft2(···, 'nonsymmetric')
8	ifftn	计算 n 维逆快速傅里叶变换	Y = ifftn(X) Y = ifftn(X,siz) y = ifftn(···, 'symmetric') y = ifftn(···, 'nonsymmetric')

续表

序号	函数	功能	语法
9	iradon	进行反拉东变换	I = iradon(R, theta) I = iradon(R,theta,interp,filter,frequency_ scaling, output_size) [I,H] = iradon(…) […]= iradon(gpuarrayR,…)
10	phantom	产生一个头部幻影图像	P = phantom(def, n) P = phantom(E, n) [P, E] = phantom(…)
11	radon	计算拉东变换	R = radon(I, theta) [R,xp] = radon(…) […]= radon(gpuarrayI,theta)

附表 10　图像形态学操作函数

序号	函数	功能	语法
1	applylut	在二值图像中利用查找表进行邻域操作	A = applylut(BW,LUT)
2	bwarea	计算二值图像的对象面积	total = bwarea(BW)
3	bweuler	计算二值图像的欧拉数	eul = bweuler(BW,n)
4	bwhitmiss	执行二值图像的击中或击不中变换	BW2 = bwhitmiss(BW1,SE1,SE2) BW2 = bwhitmiss(BW1,INTERVAL)
5	bwlabel	标注二值图像中已连接的部分	L = bwlabel(BW)example L = bwlabel(BW,n) [L,num] = bwlabel(…) [gpuarrayL,num] = bwlabel(gpuarrayBW,n)
6	bwmorph	二值图像的通用形态学操作	BW2 = bwmorph(BW,operation)example BW2 = bwmorph(BW,operation,n) gpuarrayBW2 = bwmorph(gpuarrayBW,…)
7	bwperim	计算二值图像中对象的周长	BW2 = bwperim(BW) BW2 = bwperim(BW,conn)
8	bwselect	在二值图像中选择对象	BW2 = bwselect(BW,c,r,n)example BW2 = bwselect(BW,n) [BW2, idx] = bwselect(…) BW2 = bwselect(x,y,BW,xi,yi,n) [x,y,BW2,idx,xi,yi] = bwselect(…)
9	makelut	创建用于 applylut 函数的查找表	lut = makelut(fun,n)
10	bwdist	距离变换	D = bwdist(BW) [D,IDX] = bwdist(BW) [D,IDX] = bwdist(BW,method) [gpuarrayD, gpuarrayIDX]=bwdist(gpuarrayBW)

序号	函数	功能	语法
11	imclose	图像闭运算	IM2 = imclose(IM,SE) IM2 = imclose(IM,NHOOD) gpuarrayIM2 = imclose(gpuarrayIM,…)
12	imopen	图像开运算	IM2 = imopen(IM,SE) IM2 = imopen(IM,NHOOD) gpuarrayIM2 = imopen(gpuarrayIM,…)
13	imdilate	图像膨胀	IM2 = imdilate(IM,SE) IM2 = imdilate(IM,NHOOD) IM2 = imdilate(…,PACKOPT) IM2 = imdilate(…,SHAPE) gpuarrayIM2 = imdilate(gpuarrayIM,…)
14	imerode	图像腐蚀	IM2 = imerode(IM,SE) IM2 = imerode(IM,NHOOD) IM2 = imerode(…,PACKOPT,M) IM2 = imerode(…,SHAPE) gpuarrayIM2 = imerode(gpuarrayIM, …)
15	imfill	填充图像区域	BW2= imfill(BW,locations) BW2= imfill(BW,'holes') I2= imfill(I)example BW2 = imfill(BW) BW2 = imfill(BW,0,conn) [BW2,locations_out] = imfill(BW) BW2= imfill(BW,locations,conn) BW2= imfill(BW,conn,'holes') I2= imfill(I,conn) gpuarrayB = imfill(gpuarrayA,…)
16	imtophat	用开运算后的图像减去原始图像	IM2 = imtophat(IM,SE) IM2 = imtophat(IM,NHOOD) gpuarrayIM2 = imtophat(gpuarrayIM,…)
17	strel	创建形态学结构元素	SE = strel(shape, parameters)

附表 11　区域处理函数

序号	函数	功能	语法
1	roicolor	选择感兴趣的颜色区域	BW = roicolor(A,low,high) BW = roicolor(A,v)
2	roifill	在图像的任意区域进行平滑插补	J = roifill J = roifill(I) J = roifill(I, c, r) J = roifill(I, BW) [J,BW] = roifill(…) J = roifill(x, y, I, xi, yi) [x, y, J, BW, xi, yi] = roifill(…)
3	roifilt2	滤波特定区域	J = roifilt2(h, I, BW) J = roifilt2(I, BW, fun)

续表

序号	函数	功能	语法
4	roipoly	选择一个感兴趣的多边形区域	BW = roipoly BW = roipoly(I) BW = roipoly(I, c, r) BW = roipoly(x, y, I, xi, yi) [BW, xi, yi] = roipoly(⋯) [x, y, BW, xi, yi] = roipoly(⋯)

附表 12 图像代数函数

序号	函数	功能	语法
1	imadd	加运算	Z = imadd(X,Y)
2	imsubtract	减运算	Z = imsubtract(X,Y)
3	immultiply	乘运算	Z = immultiply(X,Y)
4	imdivide	除运算	Z = imdivide(X,Y)

附表 13 彩色空间转换函数

序号	函数	功能	语法
1	hsv2rgb	HSV 彩色空间转换为 RGB 彩色空间	M = hsv2rgb(H) rgb_image = hsv2rgb(hsv_image)
2	ntsc2rgb	NTSC 彩色空间转换为 RGB 彩色空间	rgbmap = ntsc2rgb(yiqmap) RGB = ntsc2rgb(YIQ)
3	rgb2hsv	RGB 彩色空间转换为 HSV 彩色空间	cmap = rgb2hsv(M) hsv_image = rgb2hsv(rgb_image)
4	rgb2ntsc	RGB 彩色空间转换为 NTSC 彩色空间	yiqmap = rgb2ntsc(rgbmap) YIQ = rgb2ntsc(RGB)
5	rgb2ycbcr	RGB 彩色空间转换为 YCbCr 彩色空间	ycbcrmap = rgb2ycbcr(map) YCBCR = rgb2ycbcr(RGB) gpuarrayB = rgb2ycbcr(gpuarrayA)
6	ycbcr2rgb	YCbCr 彩色空间转换为 RGB 彩色空间	rgbmap = ycbcr2rgb(ycbcrmap) gpuarrayRGBmap = ycbcr2rgb(gpuarrayYcbcrmap) RGB = ycbcr2rgb(Ycbcr) gpuarrayRGB = ycbcr2rgb(gpuarrayYcbcr)

附表 14 图像类型和类型转换函数

序号	函数	功能	语法
1	dither	通过"抖动"增加外观颜色分辨率转换图像	X = dither(RGB, map) X = dither(RGB, map, Qm, Qe) BW = dither(I)
2	gray2ind	将灰度图像转换为索引图像	[X, map] = gray2ind(I,n) [X, map] = gray2ind(BW,n)

数字图像处理

续表

序号	函数	功能	语法
3	grayslice	通过设定阈值将灰度图像转换为索引图像	X = grayslice(I, n)
4	im2bw	将图像转换为二值图像	BW = im2bw(I, level) BW = im2bw(X, map, level) BW = im2bw(RGB, level)
5	im2double	将图像矩阵转换为双精度类型	I2 = im2double(I)example I2 = im2double(I,'indexed')
6	double	将数据转换为双精度类型	double(x)
7	uint8	将数据转换为 8 位无符号整型	V = uint8(DObj)
8	im2uint8	将图像阵列转换为 8 位无符号整型	I2 = im2uint8(I) RGB2 = im2uint8(RGB) I = im2uint8(BW) X2 = im2uint8(X,'indexed') gpuarrayB = im2uint8(gpuarrayA,···)
9	im2uint16	将图像阵列转换为 16 位无符号整型	I2 = im2uint16(I) RGB2 = im2uint16(RGB) I = im2uint16(BW) X2 = im2uint16(X,'indexed') gpuarrayB = im2uint16(gpuarrayA,···)
10	uint16	将数据转换为 16 位无符号整型	V = uint16(DObj)
11	ind2gray	将索引图像转换为灰度图像	I = ind2gray(X,map)
12	ind2rgb	将索引图像转换为 RGB 图像	RGB = ind2rgb(X,map)
13	isbw	判断是否为二值图像	flag=isbw(A)
14	isgray	判断是否为灰度图像	flag=isgray(A)
15	isind	判断是否为索引图像	flag=isind(A)
16	isrgb	判断是否为 RGB 图像	flag=isrgb(A)
17	mat2gray	将矩阵转换为灰度图像	I = mat2gray(A, [amin amax]) I = mat2gray(A) gpuarrayI = mat2gray(gpuarrayA,···)
18	rgb2gray	将 RGB 图像或颜色映射表转换为灰度图像	I = rgb2gray(RGB)example newmap = rgb2gray(map)
19	rgb2ind	将 RGB 图像转换为索引图像	[X,map] = rgb2ind(RGB,n) X = rgb2ind(RGB, map) [X,map] = rgb2ind(RGB, tol) [···] = rgb2ind(···,dither_option)

附表 15　图像复原函数

序号	函数	功能	语法
1	deconvwnr	维纳滤波复原图像	J = deconvwnr(I,PSF,NSR) J = deconvwnr(I,PSF,NCORR,ICORR)
2	deconvreg	最小约束二乘滤波复原图像	J = deconvreg(I, PSF) J = deconvreg(I, PSF, NOISEPOWER) J = deconvreg(I, PSF, NOISEPOWER, LRANGE) J = deconvreg(I, PSF, NOISEPOWER, LRANGE, REGOP) [J, LAGRA] = deconvreg(I, PSF,⋯)
3	deconvblind	盲卷积滤波复原图像	[J,PSF] = deconvblind(I, INITPSF) [J,PSF] = deconvblind(I, INITPSF, NUMIT) [J,PSF] = deconvblind(I, INITPSF, NUMIT, DAMPAR) [J,PSF] = deconvblind(I, INITPSF, NUMIT, DAMPAR, WEIGHT) [J,PSF] = deconvblind(I, INITPSF, NUMIT, DAMPAR, WEIGHT, READOUT) [J,PSF] = deconvblind(..., FUN, P1, P2,⋯,PN)